中国海洋能政策研究

罗续业 朱永强 杨名舟 等 编著

· 北京 ·

内 容 提 要

本书共十一章，分析了海洋能政策与其他政策的相关性、我国可再生能源政策和海洋能政策的发展现状及存在问题以及国外海洋能政策发展和经验借鉴，设计了我国海洋能政策体系的框架，以此给出政府在海洋能产业发展中的角色定位、海洋能产业的财政金融政策、海洋能产业的技术创新、海洋能产业的人才政策以及海洋能产业的管理机制这几个方面的具体内容，并在最后提出海洋能政策的发展路线图。

希望本书能为海洋能从业人员、技术人员和管理人员，以及海洋能相关专业的大学生和研究生提供有价值的基础资料，为我国海洋能产业的发展和政策体系的建设提供建议和参考，促进我国海洋能产业的健康有序发展。

图书在版编目（CIP）数据

中国海洋能政策研究 / 罗续业等编著. -- 北京 : 中国水利水电出版社, 2016.9
ISBN 978-7-5170-4758-2

Ⅰ. ①中… Ⅱ. ①罗… Ⅲ. ①海洋动力资源－能源政策－研究－中国 Ⅳ. ①P743

中国版本图书馆CIP数据核字(2016)第235126号

书　名	**中国海洋能政策研究** ZHONGGUO HAIYANGNENG ZHENGCE YANJIU
作　者	罗续业　朱永强　杨名舟　等 编著
出版发行	中国水利水电出版社 （北京市海淀区玉渊潭南路1号D座　100038） 网址：www.waterpub.com.cn E-mail：sales@waterpub.com.cn 电话：(010) 68367658（营销中心）
经　售	北京科水图书销售中心（零售） 电话：(010) 88383994、63202643、68545874 全国各地新华书店和相关出版物销售网点
排　版	中国水利水电出版社微机排版中心
印　刷	北京纪元彩艺印刷有限公司
规　格	184mm×260mm　16开本　11.5印张　272千字
版　次	2016年9月第1版　2016年9月第1次印刷
印　数	0001—2200册
定　价	**78.00**元

序

我国位于太平洋西岸，东南两面濒临渤海、黄海、东海和南海，大陆岸线长1.8万千米，面积500平方米以上的海岛6900多个，根据《联合国海洋法公约》有关规定和我国的主张，我国管辖的海域面积约300万平方千米。近年来，在全球能源结构发生深刻变革的同时，我国经济已发展成为高度依赖海洋的外向型经济，对海洋资源、空间的依赖程度大幅提高，绿色低碳已成为能源技术创新的主要方向，海洋能等新兴能源正以前所未有的速度加速迭代，这将对世界能源格局和经济发展产生重大而深远的影响。

海洋能是绿色、清洁、零排放的可再生能源，其有效开发利用可以为改善能源结构、发展低碳经济和应对气候变化提供一条重要途径。我国海洋资源丰富，具有良好的海洋能开发先决条件，海洋能工作也迎来了前所未有的发展机遇。自20世纪70年代至今，在国家发展和改革委员会、财政部、科技部、国家能源局等有关部门的支持下，我国海洋能工作取得了长足的进步。《中华人民共和国可再生能源法》明确将海洋能纳入可再生能源领域加以开发利用，《国家海洋事业发展规划》《国家海洋经济发展规划纲要》以及《国家“十二五”海洋科学和技术发展规划纲要》等都对海洋能工作的开展做出了目标要求和重要部署，海洋能的发展也有了很好的公众基础和社会认知度。开发利用海洋能已经成为我国能源战略的重要选择，对于推动我国经济社会可持续发展、缓解沿海特别是海岛地区能源短缺问题、保护生态环境等方面，发挥着重要的作用。

与此同时，海洋能的发展也面临着严峻的挑战。海洋能作为一种战略性新兴产业，具有知识密集、开发难度大、高投入、高风险及高收益等特点，在产业发展的初级阶段会遇到资金、资源、能力等各方面条件的限制。目前，我国海洋能发电技术相对不是很成熟，没有建立起能够支撑海洋能的政策体系，离实现海洋能产业化、商业化应用还有较长的一段距离，与发达国家差距明显。因此，急需明确海洋能发展思路和战略规划，建立海洋能工程评价相关标准规范，完善海洋能激励措施和政策体系，以推进海洋能工作不断取得新成效，创造加速我国海洋产业的发展的有利条件。

本书涵盖了我国可再生能源政策以及海洋能政策的内容概述和存在问题，以及国外海洋能开发利用的政策发展和经验借鉴，并以此为基础，建立了合理规范的海洋能政策体系框架，分析给出在海洋能产业中发挥重要作用的政府、金融政策、人才政策、技术创新、管理机制这几个方面的理论建议，并提出了海洋能产业的政策发展路线图。相信该书的出版，能够为中国海洋可再生能源的从业者和管理者提供一本有价值的基础资料，为中国海洋可再生能源产业的实力提升和规范化管理起到推动作用，为中国海洋可再生能源的政策体系的构建提供建设性意义，为促进我国海洋经济发展、建设海洋强国提供坚实的保障。

国家海洋局副局长 张连增

2016年8月1日

前　言

海洋可再生能源（以下简称“海洋能”）是一种蕴藏在海洋中的重要的可再生清洁能源，主要包括潮汐能、波浪能、潮流能、海水温差能和海水盐差能等。近年来，在应对全球气候变暖的大背景下，世界各主要海洋国家普遍重视海洋能的开发利用，以期将其作为新兴可再生能源，有效减少对石油、煤炭等能源的依赖，各国都制定了相应的开发海洋能源计划。随着我国参与全球经济程度的不断加深以及海洋科技创新的不断发展，海洋作为我国经济转型升级和发展空间拓展的平台、资源综合开发利用的重要载体，其地位日益突出，海洋能也将成为我国重要的可再生能源之一，开发和利用海洋能已成为缓解能源压力、促进低碳可持续发展的重要途径，海洋能产业在未来的发展将呈现出一个蓬勃强劲的局面。因此，海洋能产业的发展必须规范有序，有清晰明确的发展路线。

本书旨在以国内外促进海洋能发展政策、发展现状及发展趋势为背景，以我国可再生能源政策法规为指导，准确把握海洋能发展的阶段性特性，坚持科学规划的可持续发展战略，通过调研、考察、分析，研究当前我国海洋可再生能源的发展走向，建立完整统一的、合理规范的、清晰明确的促进海洋能发展的政策理论体系，给出有利于海洋能产业发展的政策建议，提出海洋能产业发展的政策路线图，以促进我国海洋能产业的持续健康发展。

全书共十一章，分析了海洋能政策与其他政策的相关性、我国可再生能源政策和海洋能政策的发展现状及存在问题以及国外海洋能政策发展和经验借鉴，并以此为基础，设计了我国海洋能政策体系的框架，分析给出了政府在海洋能产业发展中的角色定位、海洋能产业的财政金融政策、海洋能产业的技术创新、海洋能产业的人才政策以及海洋能产业的管理机制这几个方面的具体内容，并在最后给出了促进我国海洋能产业持续健康的海洋能政策发展路线图。

本书由国家海洋技术中心罗续业、华北电力大学朱永强、国家能源局杨名舟主编和统稿，在广泛调研、广泛收集材料的基础上精心编制。其中第一章、第二章、第五章、第十章由国家海洋技术中心罗续业主持编著，第三章、第六章、第九章和第十一章由华北电力大学的朱永强主持编著，第四章、第七章、第八章由国家能源局的杨名舟主持编著。华北电力大学的博士生贾利虎参与了第一章、第五章、第八章和第十一章的编写，华北电力大学的研究生王欣参与了第二章、第四章、第六章、第九章、第十章的编写，华北电力大学的刘崇明副教参与了第三章和第七章的编写，国家海洋技术中心的李彦、麻常雷、王冀参与了第一章、第五章和第十一章的编写。参加编写的还有华北电力大学的硕士生许丹、唐萁、王婉君，国网冀北经研院的段春明等。

本书是海洋可再生能源专项资金资助课题“海洋能综合支撑服务平台建设（GHME2013ZC01）”的研究成果。

本书在编写过程中得到了国家海洋局副局长、中国海洋学会理事长陈连增的重视和指导，在此表示感谢。

此外，鉴于海洋能学科内容和专业领域涉及广泛，编者的专业技术水平和学术知识有限，书中难免有不当之处，敬请广大读者批评指正。

作者

2016 年 7 月

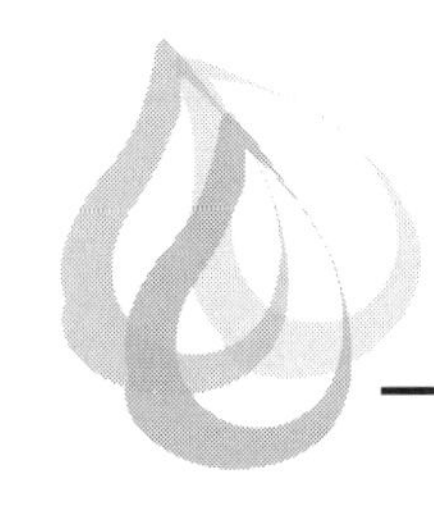

目　录

第一章　海洋能政策体系框架的建设原则与意义

一、我国海洋资源现状

我国位于太平洋西岸，东南两面濒临渤海、黄海、东海和南海，大陆岸线长约 1.8 万千米，面积 500 平方米以上的海岛 6900 多个，内水和领海面积 38 万平方千米。根据《联合国海洋法公约》有关规定和我国的主张，我国管辖的海域面积约 300 万平方千米，具有良好的海洋能开发先决条件。此外，我国在国际海底区域获得了具有专属勘探权和优先开发权的 7.5 万平方千米多金属结核矿区和 1 万平方千米多金属硫化物矿区，在南北极建立了长城、中山、昆仑、黄河科学考察站。

（一）海洋生物资源

中国海地跨温带、亚热带和热带 3 个气候带。大陆入海河流每年将约 4.2 亿吨的无机营养盐类和有机物质带入海洋，海域营养丰富，因此海洋生物物种繁多，已鉴定 20278 种。根据长期海洋捕捞生产和海洋生物调查，已经确认中国海域有浮游藻类 1500 多种，固着性藻类 320 多种，海洋动物共有 12500 多种，其中：无脊椎动物 9000 多种，脊椎动物 3200 多种。无脊椎动物中有浮游动物 1000 多种，软体动物 2500 多种（头足类 100 种左右），甲壳类约 2900 种，环节动物近 900 种。脊椎动物中以鱼类为主，约近 3000 种，包括软骨鱼 200 多种，硬骨鱼 2700 多种。

（二）海洋矿产资源

中国大陆架海区含油气盆地面积近 70 万平方千米，共有大中型新生代沉积盆地 16 个。据国内外有关部门资源估计，我国海洋石油资源总量为 498 亿吨，其中大陆架 255 亿吨，深海 243 亿吨；我国海洋天然气资源为 22.28 万亿立方米，其中大陆架为 13.98 万亿立方米，深海为 8.3 万亿立方米。这充分展现近海油气资源的良好勘探开发前景和油气资源潜力的丰富。我国漫长海岸线上和海域蕴藏着极为丰富的砂矿资源，目前已探明具有工业价值的砂矿有锆石、锡石、独居石、金红石、钛铁矿、磷钇矿、磁铁矿、铌钽铁矿、褐钇铌矿、砂金、金刚石和石英砂。

（三）海洋化学（海水）资源

世界海洋海水的体积约 13.7 万亿立方米，其中含有 80 多种元素，还含有约 200 万亿吨重水（核聚变的原料）。海水资源可以分为两大类，即海水中的水资源和化学元素资源。此外，还有一种特殊情况，即地下卤水资源。我国渤海沿岸地下卤水资源丰富，估计资源总量约 100 亿立方米。海水可以直接利用，也可以淡化成为淡水资源；海水化学资源可分为海盐、溴素、氯化镁、氯化钾、铀、重水和其他可提取的化学元素；地下卤水资源可分为海盐、溴素、氯化镁、氯化钾、其他可提取的化学元素等。

（四）海洋可再生能源资源

据“908 专项”海洋可再生能源调查与评价研究结构表明：我国潮汐能理论装机容量约 19286 万千瓦，技术可开发量约 2283 万千瓦，以福建、浙江两省沿岸最多，其次是长江口北支和辽宁、广东两省沿岸。我国潮流能理论装机容量约 833 万千瓦，技术可开发量约为 166 万千瓦。我国波浪能理论装机容量约 1600 万千瓦，技术可开发量约 1471 万千瓦，主要分布在浙江、台湾、福建、山东和辽宁等沿海省沿岸地区。我国近海及毗邻海域温差能资源理论装机容量约 36713 千瓦，技术可开发量约 2570 万千瓦，其中 90%以上分布在南海。我国海岸的盐差能可开发装机容量约 1140 万千瓦，主要集中分布于长江、珠江和闽江等河流入海处。

（五）滨海旅游资源

中国沿海地带跨越热带、亚热带、温带 3 个气候带，具备“阳光”“沙滩”“海水”“空气”“绿色”5 个旅游资源基本要素，旅游资源种类繁多，数量丰富。据初步调查，中国有海滨旅游景点 1500 多处，滨海沙滩 100 多处，其中最重要的有国务院公布的 16 个国家历史文化名城，25 处国家重点风景名胜区，130 处全国重点文物保护单位，以及 5 处国家海洋、海岸带自然保护区。按资源类型分，共有 273 处主要景点，其中有 45 处海岸景点、15 处最主要的岛屿景点、8 处奇特景点、19 处比较重要的生态景点、5 处海底景点、62 处比较著名的山岳景点以及 119 处比较有名的人文景点。

（六）海岸带土地资源

中国海岸带地区的土地资源类型较多，有盐土、沼泽土、风沙土、褐土等 17 个类型，53 个亚类。海岸带不仅现有土地资源丰富，而且是地球上唯一的自然造陆地区。据古地理研究，我国长江下游平原、珠江三角洲平原、下辽河平原等，约有 14 万～15 万平方米的土地都是古海湾沉积而成。由于入海江河多，挟带泥沙量比较大，河口三角洲淤积速度快。例如，黄河每年向海洋的输沙量高达 10 多亿吨，河口滩涂平均每年淤长约 2100 公顷（3.2 万亩）。

二、海洋能政策体系建设的必要性

海洋蕴藏着巨大的能源，可以预见，随着科技的高速发展，海洋能将成为人类取之不尽、

用之不竭的重要能源，中国海洋辽阔，潜力巨大，海洋能研究、开发前途无量、大有可为。

海洋能是一种蕴藏在海洋中的重要可再生清洁能源，近年来，在应对全球气候变暖的大背景下，世界各主要海洋国家普遍重视海洋能开发利用，以期作为新兴可再生能源，有效减少对石油、煤炭等能源的依赖，各国都制定了相应的开发海洋能源发展战略和计划。

随着我国参与全球经济程度不断加深以及海洋科技创新不断发展，特别是 2015 年巴黎气候会议以后，海洋作为我国经济转型升级和发展空间拓展的平台、资源综合开发利用的重要载体，其地位日益突出，海洋能也将成为我国重要的可再生能源之一。

"十三五"规划中提出拓展蓝色经济空间。坚持陆海统筹，壮大海洋经济，科学开发海洋资源，保护海洋生态环境，维护我国海洋权益，建设海洋强国。本书将通过国内外促进海洋能发展的政策比较，准确把握海洋经济发展的阶段性特征，坚持科学规划的可持续发展战略，提出我国海洋能发展及管理政策体系，分析给出海洋能战略发展技术路线图，以促进我国海洋能产业持续健康发展。

三、海洋能政策体系建设的意义

（一）缓解国家能源供给压力

目前，我国主要电能消费地区集中于沿海经济发达地区，特别是长三角、珠三角、环渤海等人口密集地区和产业聚集区，而主要的火电和水电供给来自西北地区和西南地区，因此电力或者煤炭资源的长距离运输为能源供给带来了难以克服的高成本和高损耗等问题。据国网能源研究院预测，2030 年我国电力总需求将达到 9 万亿千瓦时，比 2010 年电力总需求高出 5.9 万亿千瓦时，并且增加的电力需求主要来自东部沿海地区。开发海洋能将为沿海经济发达地区的进一步发展提供必要的能源供给，将成为缓解我国沿海地区电力供应紧张的有效途径，为该地区的经济繁荣和社会稳定提供保障。

（二）改善能源消费结构，节能减排

2011 年 5 月联合国政府间气候变化专门委员会（IPCC）发布的《可再生能源资源与减缓气候变化特别报告》指出在全球气候日益变暖的大背景下，调整能源结构、节能减排的任务迫在眉睫。我国沿海经济发达地区以火电为主的电力供给和汽车保有量的迅速增长，为该地区带来温室气体以及有害气体减排的沉重压力。调整能源结构、发展可再生能源和清洁能源、治理日益严重的雾霾气候，已经成为沿海地区经济社会可持续发展的迫切要求。陆地上可再生能源的开发主要是太阳能、风能、生物质能，相比陆地而言，海洋能具有清洁、无污染、储量大、可再生等特点，发展海洋能有明显的优势。

（三）促进经济增长，培育新型战略性产业

能源危机和环境变化及国际相关碳排放规定的实施，加速了对低碳经济和清洁能源的

发展，海洋能的开发热潮正在全球范围内蓬勃兴起。美国、法国、加拿大等海洋大国都为海洋能技术和产业的发展制定了相应的规划、政策和措施，使得这些国家的海洋能产业以及相关新兴产业发展迅速，并基本形成规模经济。我国海洋可再生能源的开发将带动相关的设备制造、工程安装、运营维护、智能电网等上下游产业发展，创造社会价值和经济价值。因此，海洋能产业是一项可预期的战略性新兴产业。

（四）促进海洋能产业的管理规范化

海洋能与其他常规能源一样，存在多头管理、跨部门监管的问题。国家将海洋能研究、开发和管理职权赋予了国家海洋局，但项目审批、电价制定仍在国家发展和改革委员会（以下简称“国家发改委”），行业监管与执法在国家能源局，财政扶持和税收优惠在财政部和税务总局，国资管理与绩效考核在国务院国有资产监督管理委员会（以下简称“国资委”），上网和价格结算还涉及电网企业等。涉及海洋能开发与管理的核心权力被分散到各个职能部门，这种“九龙治水”式的分散管理体制的存在，将会产生职能交叉、政监不分、权责纠缠不清等问题。因此，研究海洋能发展的政策法规和激励政策，有助于形成一套海洋能产业管理机制，有利于推进海洋能的科学发展。

（五）形成规范有效的激励政策

海洋能开发投资高、难度大，资金需求量大。一方面通过政府投资，另一方面需引入社会资金。在鼓励更多社会资金投入、更多的研究人员在从事海洋能产业发展的过程中，急需有效、合理的激励政策，包括稳定的优惠政策，如税收优惠政策、电价补贴政策、海洋能装备制造扶持以及保护投资者利益的相关政策等，鼓励私有和民营等社会资金的注入，支持和促进海洋能的开发和利用。

第二章　海洋能政策与其他政策的相关性分析

一、海洋能政策和其他可再生能源政策的关系

海洋能开发和发展不仅是国家政府部门的事，更是地方政府和全社会发展的大事，在政策方面，虽然各种可再生能源自身的特点和发展情况不同，但海洋能产业的发展可以借鉴其他可再生能源政策的成功经验，在制定相关政策时参考其他可再生能源政策。如制定海洋能产业中长期发展战略目标和总体规划、完善市场机制和实施具体的经济激励政策、促进产业多元化和增强市场认知度、地方政府出台相应的政策措施、促进技术研发能力的提升等。同时，对于其他可再生能源政策中所暴露出的问题，也要给予关注，避免重蹈覆辙。

此外，由于海洋能研究、开发较晚，目前海洋能的开发利用相比其他可再生能源所受的重视程度和投入力度较弱，鉴于海洋能在国民经济中的重要地位和发展前景，国家在海洋能政策上应该给予优于风能和太阳能的政策，加大对海洋能的开发和支持力度。由于风能、太阳能等可再生能源的大力发展，海洋能产业化的实施将影响其他可再生能源在我国能源发展中的地位和实施情况，需要协调好各种可再生能源的发展情况和支持力度，促进各种可再生能源产业的共同发展，实现经济社会的可持续发展。

二、海洋能政策与社会经济

（一）海洋能开发对社会经济的影响

在能源消费量持续攀升和传统能源日趋紧缺的外部环境影响下，新能源开发利用已经成为大势所趋。从经济发展角度来看，海洋能开发将逐渐形成产业化，是未来海洋经济发展新的增长点，并将不断推动和促进海洋产业结构的优化升级。海洋能产业的发展能够促进智能电网等上下游产业的发展，随着海洋能开发利用规模的扩大，越来越多的技术被投入到海洋能的开发利用中，海洋能的发电成本将会逐渐降低，海洋能开发利用项目的运作成本也会逐渐降低。因此，只要提高其稳定性，海洋能产业将会有广阔的发展前景、产生良好的经济效益、优化产业结构、促进低碳经济的发展，对于贯彻落实国家促进经济结构转型、实现经济增长方式转变战略具有重要现实意义。

我国沿海省自治区、直辖市年国内生产总值占全国70%左右，但能源资源占全国的比例不足20%。根据国家的发展规划和长远目标，我国东部沿海地区要率先实现全面小康社会，能源瓶颈已经成为制约沿海地区持续快速发展的重要问题。因此，发挥沿海可再

生能源的资源优势，大规模发展海洋能，是解决这一问题相对可行的战略，也充分体现了经济合理的能源发展观。发挥沿海海洋能的资源优势，不仅能缓解沿海地区对能源的大量需求，而且可以带动沿海地区相关产业的发展，增加就业、发展旅游业，直接对沿海地区经济发展起到促进作用。

此外，开发利用海洋能也是解决偏远海岛能源短缺的一个重要途径，社会需求迫切，市场空间巨大，有利于全面建设小康社会战略目标的实现。着眼长远，开发利用海洋能则是在矿物能源枯竭之后，中国继续获得能源供应的重要战略措施之一，是未来经济社会永续发展的物质基础。

（二）社会经济影响评价

在海洋能开发利用前，社会经济影响的评价也十分重要，据此评价海洋能开发效益，全面评估开发方案，综合考虑海洋能产业的经济效益和社会效益，才能合理地开发和利用海洋能，制定科学的海洋能发展战略和相关政策。

我国政府及相关工作部门近些年不断出台相关政策法律条例来规范海洋能开发和利用。2009 年，国务院常务会讨论并原则通过了《辽宁沿海经济带发展规划》；2011 年，国务院先后批复了《山东半岛蓝色经济区发展规划》《浙江海洋经济发展示范区规划》、浙江舟山群岛新区、《广东海洋经济综合试验区发展规划》；2012 年，《福建省海洋经济发展规划》获批，福建省成为第五个国家级海洋经济战略区；2012 年 4 月，国家“十二五”海洋能发展思路敲定，将海洋能确定为国家战略开发能源，各个海洋经济战略区也都对海洋能发展做出了重要部署，确立了海洋能发展的目标和任务，山东半岛蓝色经济区还专门设立省直属部门编制海洋能源专项规划。这些政策的研究和制定，都为我国海洋能开发对社会经济影响的评价技术规范体系研究提供了宝贵的参考依据。国家“十三五”规划中提出了拓展蓝色经济空间。坚持陆海统筹，壮大海洋经济，科学开发海洋资源，保护海洋生态环境，维护我国海洋权益，建设海洋强国。

从我国海洋能研究现状来看，海洋能开发技术涉及大量海上工程施工及运行维护等高新技术，具有高难度、高投入和高风险等特点，因此在考虑海洋能对我国社会影响的过程中，技术进步要素显得尤为重要。再者，通过海洋能的综合利用，这一创新产业不但可以解决沿海地区电力供应问题，还能够创造更多就业机会，提高居民生活质量，并带动其他新兴产业的社会效益。因此，应从技术进步、能源结构和居民生活质量 3 个角度考虑海洋能对社会的影响。三种影响因素也存在着密不可分的关系，技术进步能够推动能源结构的改善，从而提高居民的生活质量。海洋能开发对社会的影响和评价指标见表 2－1。

表 2－1　　海洋能开发对社会的影响和评价指标

海洋能开发对社会的影响	评　价　指　标
推动技术进步	海洋能科研经费、海洋能专利年授予数、海洋能论文年发表量
改善能源结构	海洋能年发电量、海洋能年发电量增长率、二氧化碳排放量
提高生活质量	海洋能产业人均消费水平、海洋能人均可支配收入、海洋能产业人均纳税额、海洋能产业从业人数、海洋能灾害情况

海洋能的产业化发展将会是未来海洋经济发展新的增长点，可以带动沿海地区相关产业的发展，直接对沿海地区经济发展起到促进作用。能够不断推动和促进海洋能产业结构的优化升级，促进低碳经济的发展，带来更优的经济效益。因此经济增长、产业结构优化构成海洋能产业对经济影响的直接要素。海洋能开发对经济的影响和评价指标见表2-2。

表2-2　　海洋能开发对经济的影响和评价指标

海洋能开发对经济的影响	评价指标
拉动经济增长	海洋能产业固定资产投资、海洋能产业资金利用率、海洋能产业上市公司数、海洋能产业产品出口额、海洋能产业劳动生产率、海洋能产业增加值、海洋能产业利税总额及其全国占比、海洋能产业水平满足率、海洋能产业贡献率
优化产业结构	海洋能产业劳动资金产出率、海洋能产业年技术进步速度、海洋能产业扩张弹性及增长弹性系数、海洋能产业利税总额、海洋能产业工业内部结构比、海洋能产业进出口总额及引用外资额、海洋能产业聚集指数、海洋能产业影响力系数

三、海洋能政策与生态环境

（一）海洋能对海洋环境的影响

传统能源的开发利用引起了严重的生态环境问题，海洋能是地球上最大的能源，是不需要燃料、不污染环境的、最清洁的能源。海洋能发电几乎都不伴有氧化还原反应，对环境的影响很小，并且多是限于对局部环境的影响，基本不存在与常规化石燃料能源和核能发电类似的环境污染问题。海洋能的开发利用将调整传统的能源结构，缓解环境问题，为节能减排发挥重要的作用。

虽然海洋能是改善环境和气候问题的理想清洁能源，但是海洋能开发过程也存在一些潜在的环境问题。如潮汐电站不但会改变潮差和潮流，而且会改变海水温度和水质，这些变化又会对周边海洋生态环境产生一定的影响。与此同时，建造拦潮坝也可能会给河口带来某些环境问题，如影响到地下水和排水以及加剧海岸侵蚀等。对海洋能进行开发利用需要充分考虑和掌握开发利用活动对海洋生态环境等产生的影响，主要影响包括对海水水质环境、海洋沉积物环境、海洋生态和生物资源环境、海洋地形地貌与冲淤环境、海洋水文动力环境的环境风险及其他（包括电磁辐射、热污染、噪声、固废、景观、人文遗迹等影响等）。

海洋环境与陆地不同，一旦被污染，即使采取措施，其危害也难以在短时间内消除。因为治理海域污染比治理陆上污染所花费的时间要长，技术上要复杂，难度要大，投资也高，而且还不易收到良好的效果。所以在开发利用海洋可再生能源的同时，也需要关注海洋生态环境的保护。对生态环境的保护是海洋能开发利用的初衷之一，海洋环境保护是海洋能得以持续开发的必要前提，只有注重海洋环境的保护，才能保证海洋的可持续利用，推进海洋能的发展。

（二）海洋生态环境政策和环境评价

海洋能产业的规划发展必须服从国家海洋发展战略，不能凌驾于其他产业发展之上，更不能建立在牺牲海洋环境的基础上。在开发利用海洋能时，应协调与海洋环境的关系。为此，应完善海洋环境保护的相关法律和规范，在技术开发、制定合理计划等方面完善必要的机制。同时，应该高度重视海洋空间规划，加强环境评估，实现环境友好型海洋能产业发展。

欧洲和北美洲的一些国家政府都在进行海洋能项目对环境潜在影响的战略评估，包括利用规模、设计、运行及维护、停运等各阶段在物理和生物方面对环境的影响。在大规模开发海洋能之前，需要进行环境影响评价，以全面评估开发方案。

2004 年，国家颁布实施 GB/T 19485—2004《海洋工程环境影响评价技术导则》，对潮汐电站、波浪电站、温差电站等海洋能源开发利用工程的环境影响评价内容等进行了规定，在很大程度上起到了规范海洋工程项目选址和布局，预防、控制或减轻建设项目对海洋环境和资源造成的影响和破坏的作用。

针对海洋能开发利用，建立相应的环境影响评价体系也同样重要。所有开发项目的申请必须考虑与周边环境和利益相关者的协调，申请必须描述现有的环境、工程细节、工程潜在影响、公众安全、环境资源的保障措施和有保证的移除和重建资金等，必要时还要提供咨询记录。此外，建议海洋能开发利用与海洋工程的建设相协调，从而起到事半功倍的效果。我国相关学者对于海洋能开发和海洋能装置的环境影响评价方法和指标体系的研究正在相继展开。如孟洁等人在《浅谈海洋能开发利用环境影响评价指标体系》中给出了海洋能开发与利用环境影响综合评价三级指标体系，见表 2 - 3。

表 2 - 3　　海洋能开发与利用环境影响综合评价三级指标体系

评价目标	一级指标	二级指标	三级指标
海水水质环境	海域及其周边海域水质环境	水质环境	水质状况
			水质环境要素变化趋势与特征
		自净能力和环境容量	物理自净能力和环境容量变化趋势与特征
			水质环境影响可接受程度
	工程建设对水质环境的影响	影响区域	影响范围
			影响面积（海岸、滩涂、海床）
		影响因素	主要影响因子
			主要超标要素
海洋沉积物环境	海域及其周边海域沉积物环境	沉积物环境	沉积物状况
			沉积物环境要素变化趋势与特征
		建设项目导致的沉积物环境变化	环境容量变化趋势与特征
			沉积物环境影响可接受程度

续表

评价目标	一级指标	二级指标	三级指标
海洋沉积物环境	工程建设对沉积物环境的影响	影响区域	影响范围
			影响面积
		影响因素	主要影响因子
			主要超标要素
海洋生态和生物资源环境	对生物生态、生物资源的影响程度；对生物生态、生物资源的影响程度	对海洋生态的影响程度	对海洋动物栖息地影响程度
			对海洋植物栖息地影响程度
		对珍惜濒危动植物影响程度	对珍稀濒危动物影响程度
			对珍稀濒危植物影响程度
		对生态敏感区影响程度	对滨海湿地影响程度
			对海洋自然保护区影响程度
			对红树林影响程度
			对珊瑚礁影响程度
			对海草床影响程度
		对海洋生物的影响程度	对海洋动物影响程度
			对海洋植物影响程度
	海洋生态和生物资源的可持续利用	海洋生态和生物资源变化趋势	生物资源量变化趋势
			海洋生物资源破坏程度
		海洋生态和生物资源承受干扰能力	海洋生物资源抗干扰承受能力
			海洋生物资源变化可接受程度
海洋地形地貌与冲淤环境	项目所在海域及其周边海域地形地貌与冲淤环境	海岸	蚀淤速率预测
			蚀淤变化预测
		海涂	蚀淤速率预测
			蚀淤变化预测
		海床	蚀淤速率预测
			蚀淤变化预测
	海底管线、海底电缆引起的海洋腐蚀环境的分析与评价	海岸	管线电缆铺设施工过程对海岸的影响
			管线电缆引起的海洋腐蚀预测
		海涂	管线电缆铺设施工过程对海岸的影响
			管线电缆引起的海洋腐蚀预测
		海床	管线电缆铺设施工过程对海岸的影响
			管线电缆引起的海洋腐蚀预测

续表

评价目标	一级指标	二级指标	三级指标
海洋水文动力环境	水文环境要素对环境的影响	对环境影响程度	对环境保护目标影响程度
			对环境敏感目标影响程度
			对周边海域生态环境影响程度
		环境可接受性	水温变化环境可接受性
			盐度变化环境可接受性
			潮流变化环境可接受性
			波浪变化环境可接受性
	水文动力变化对环境的影响	对环境影响程度	对环境目标影响程度
			对环境敏感目标影响程度
			对周边海域生态环境影响程度
		环境可接受性	流场变化环境可接受性
			纳潮量变化环境可接受性
			水交换能力变化环境可接受性
			物理自净能力变化环境可接受性
环境风险	风险可接受范围	危害程度	危险源和危险性
			排放方式和位置
			对周边环境敏感点和环境敏感目标的影响
		危害范围	对土木工程的影响
			对相邻海域的环境、资源影响
	应急措施	事故现场	应急设备配备
			防范对策措施和应急预案可行性及有效性
		周围影响区	应急设施配置
			应急预案和各级风险应急体系

在海洋能开发中，应严格遵守环境保护的制度、措施，对有关的措施、程序应给予细化和补充，环境保护主管部门、国家能源主管部门、国家海洋管理部门、地方政府应该在完善海洋能开发项目的环境保护制度方面达成一致，以保证海洋能产业的可持续发展。

在制定海洋能产业发展战略规划和海洋能政策时，要充分考虑到其环境效益，保护海洋生态环境，确保海洋资源的可持续利用。总之，在关注海洋能政策体系完善的同时，需要考虑加强海洋生态环境政策的影响。完善我国海洋环境保护法律制度，增强海洋环境保护意识，与推进我国海洋能政策体系的建设密不可分。

第三章　我国可再生能源政策概述

一、可再生能源政策法规的发展历程

（一）20 世纪 80 年代可再生能源政策

20 世纪 80 年代，随着我国能源需求的不断增加，相关的经济、环境问题也越来越多地暴露出来。在这种情况下，我国出现了有利于可再生能源发展的宏观政策环境。可再生能源是未来的新兴能源，在能源构成中占有越来越重要的地位。1979 年，国家组织制定了太阳能科技发展规划，并加强了风能、地热、潮汐能的研究开发和试验工作。可以说，我国政府真正注意并开发利用新能源和可再生能源是从十一届三中全会以后开始的。为了加强对自然生态环境的保护，我国在 20 世纪 80 年代连续出台了多部关于保护环境的法律法规。1984 年制定了《中华人民共和国森林法》和《中华人民共和国水污染防治法》，1988 年制定了《中华人民共和国水法》。这些法规一方面强调了对自然环境的保护，另一方面也促进了我国相关产业利用可再生能源的发展步伐。例如，《中华人民共和国水法》鼓励开发利用水能资源。此外，1983 年 7 月颁布实施了《中华人民共和国农业法》，该法的第五十四条中明确指出："农业生产中的秸秆资源是中国最丰富的可再生能源，属于生物质能范畴，如果能充分利用，既可以提供新能源，解决农村的能源不足的问题，同时还可以减少温室气体的排放，保护生态环境。"《中华人民共和国农业法》与我国的可再生能源建设有着密切的关系，该法强调发展农业必须合理利用资源和保护生态环境。农业法是确定可再生能源法律地位的重要依据。

1986 年，国家经济贸易委员会下发的《关于加强农村能源建设的意见》对农村可再生能源建设起到了直接指导作用，体现了我国的可再生能源政策。该文件对农村能源工作提出了具体的指导意见，对促进农村能源和可再生能源的发展起到了积极的作用。全国各地方政府也根据这一文件精神制定了各地的可再生能源和农村能源发展政策。除了制定各种指导性政策以外，从 20 世纪 80 年代开始，经济激励政策成为支持可再生能源建设的重要政策手段。我国为各种可再生能源的开发建设提供了各种补贴，主要包括事业费补贴、研究与发展补贴和项目补贴等。其中：事业费补贴的对象是中央部门和地方政府部门中的可再生能源管理机构，包括国家计划委员会（以下简称"国家计委"）交通能源司节能和新能源处、国家经济贸易委员会（以下简称"国家经贸委"）资源司新能源处、国家科学技术委员会（以下简称"国家科委"）工业科技司能源处、农业部环能司能源处、电力部农村电气化司新能源发电处等相关部门。由它们支配的可再生能源补贴在 80 年代约为 1320 万元。研究与发展补贴主要是通过国家计委和国家科委对可再生能源的科技攻关提供资金。"六五"期间，新型可再生能源技术开始列入国家重点科技攻关计划，由中央政府拨给资金。"六五""七五"期间，国家科委的可再生能源科技攻关费用约为4860万元。1987年，国务院决定建立农村能源专项贴息贷款，由中央财政出资按商业银行利率的50%对可再生能源项目提供补贴，其中包括小型风力机制造、风电场建设、光伏电池生产线、太阳能热水器生产、蔗渣发电等项目。项目补贴主要是指中央政府对可再生能源技术项目提供的补贴，主要用于沼气系统、省柴灶推广，以及小水电、小风电机和光伏发电的示范和推广工作。除了专用资金外，中央的扶贫资金、农村电气化资金、植树造林资金等都有一部分用于可再生能源的发展。

20世纪80年代，我国的可再生能源政策从保护环境的角度出发，通过立法手段提倡使用可再生能源。在改革开放后10年左右的时间里，我国逐渐形成了对可再生能源建设的政策系统，并逐步走上法制化、规范化的轨道。此时的经济激励政策的主要形式是政府拨款等直接补贴，主要方向是一些新型可再生能源的科技攻关。随着经济体制改革的发展，除了政府直接补贴以外，其他经济激励政策也开始应用到可再生能源的发展方面。这些经济激励政策包括税收政策、价格政策、信用担保政策、土地租赁政策等。

（二）20世纪90年代可再生能源政策

在向社会主义市场经济的转型中，我国的可持续发展的意识越来越多地通过法律体现出来。仅在1996年，我国连续出台了《中华人民共和国环境噪声污染防治法》《中华人民共和国固体废物污染环境防治法》和《国务院关于环境保护若干问题的决定》等多部环保法规。这些法律法规，旨在减少能源使用过程中对环境的污染与破坏，并提出促进可再生能源发展的要求。如我国1995年颁布实施的《中华人民共和国电力法》，在其"总则"中即明确指出："国家鼓励和支持利用新能源与可再生能源和清洁能源发电。"1997年颁布、1998年实施的《中华人民共和国节约能源法》和《中华人民共和国建筑法》都直接提出了应鼓励可再生能源的使用。可以看出，20世纪90年代，我国在实施可持续发展战略的大背景下，出现了一个建设可再生能源的热潮。此外，政府的扶贫攻坚计划以及多方位、大规模的国际合作，也都成为加速发展可再生能源的驱动力。

为了进一步落实和促进在"八五"期间制定的中国可再生能源的发展规划，1995年国家科委、计委和经贸委共同制定了《中国新能源和可再生能源发展纲要（1996—2010）》（以下简称《纲要》）以及"新能源可再生能源优先发展项目"。《纲要》作为指导中国新能源和可再生能源事业发展的纲领性文件，指出："能源工业作为国民经济的基础，对于社会、经济发展和提高人民生活质量都极为重要。在高速增长的经济环境下，我国能源工业面临经济增长与环境保护的双重压力。"《纲要》还确定了到2000年和2010年所要达到的具体目标。在此基础上，国家计委制订了《节能和新能源发展"九五"计划和2010年发展规划》，国家经贸委制订了《"九五"新能源和可再生能源产业化发展计划》。这些规划已经纳入国家经济社会发展长远规划，正在逐步落实。1996年初，八届全国人大四次会议批准通过了《中华人民共和国经济和社会发展"九五"计划和2010年远景目标纲要》，再次强调实施科教兴国和可持续发展战略，指出中国能源发展要"以电为中心，以煤炭为

基础，加强石油、天然气资源的勘探开发，积极发展新能源”，以改善能源结构。在其电力发展一节中指出“积极发展风能、海洋能、地热能等新能源发电”。在论及农村能源时强调，“加快农村能源商品化进程，推广省柴节煤炉灶和民用型煤，形成产业和完善服务体系。因地制宜，大力发展小型水电、风能、太阳能、地热能、生物质能”。1996年，国务院发布国家能源技术政策，表达了对可持续发展的重视，肯定了《中国21世纪议程》对促进经济体制和经济增长方式转变的重要性。

1995年我国政府公布的《中华人民共和国电力法》明确提出中国鼓励利用可再生能源和清洁能源，提出鼓励支持可再生能源发电，但落实的具体措施较少。1997年，全国人大颁布《中华人民共和国节约能源法》，明确提出国家鼓励开发利用新能源和可再生能源，要求加强农村能源建设，鼓励支持农村发展利用可再生能源。

（三）21世纪初可再生能源政策

进入21世纪，我国的可再生能源产业已经初具规模，新能源和可再生能源开发利用量从1990年的60万吨标准煤增加到1999年的25280万吨标准煤，已经接近石油、天然气提供的能源量，成为能源系统中一个重要的组成部分。可再生能源受到了全社会的普遍重视。

2003年，十届全国人大常委会把制定《中华人民共和国可再生能源法》（以下简称《可再生能源法》）列入了立法计划。在国务院有关部门和有关科研院所以及社会团体的共同参与下，全国人大环境与资源保护委员会于2004年12月完成了《中华人民共和国可再生能源法（草案）》的起草工作，并在十届全国人大常委会第十三次会议首次提请会议审议并提请全国人大常委会审议。2005年2月28日，经十届全国人大常委会第十四次会议审议，《中华人民共和国可再生能源法》通过，于2006年1月1日起施行。

通过规划实现总量目标制度，2007年起，国家先后发布了《可再生能源发展中长期规划》《可再生能源发展“十一五”规划》和《可再生能源发展“十二五”规划》，以及水电、风电、太阳能发电和生物质能领域“十二五”专项发展规划。

国家有关部门相继出台了《可再生能源发电有关管理规定》《可再生能源发电价格和费用分摊管理试行办法》《可再生能源电价附加收入调配暂行办法》《可再生能源发展基金征收使用管理暂行办法》等多项配套措施，基本确立了我国可再生能源发展的政策体系框架。2009年，全国人大常委会对《可再生能源法》进行了修订，进一步明确了政府、电网企业和开发企业在推动可再生能源产业发展方面的责任和义务。在可再生能源法及修正案和相关配套政策措施的推动下，我国可再生能源进入全面、快速、规模化的发展阶段。

2007年和2011年，国家发改委和财政部先后出台《可再生能源电价附加收入调配暂行办法》和《可再生能源发展基金征收使用管理暂行办法》，进一步明确了可再生能源发展基金，特别是电价附加征收和使用具体办法。附加资金征收标准从初期的0.2分/千瓦时、0.4分/千瓦时、0.8分/千瓦时增加到目前的1.5分/千瓦时，保障了可再生能源发电补贴资金的来源，实现了全社会共同分担新能源发电高成本的目标。

二、可再生能源相关行业管理政策

建立有效的可再生能源管理政策是保证可再生能源产业健康发展的重中之重，《可再生能源法》第五条以法律形式确立了我国的可再生能源管理模式，在发展可再生能源日趋重要的今天，可再生能源管理政策越来越完善、全面。

（一）建筑业节能的管理政策

建筑耗能也是社会总能源消耗的大户，为了响应国家节能减排的号召，国家财政部和建设部于2006年批准了旨在推动可再生能源在建筑领域的应用的可再生能源建筑应用示范项目。随着示范项目的实施，示范效应已经显现，为了配合示范工程的推广和宣传，部分示范项目所在地政府也配套出台了一系列的激励政策，为可再生能源建筑应用奠定了良好的基础。

随着时间的推移，国家建筑节能也已从初期的示范工程发展到现在的以《可再生能源法》和《公共机构节能条例》等为主线的法律体系建设中来，渐渐形成了建筑节能领域的制度框架体系。与此同时，国家在明确了在“十一五”期间重点发展以“太阳能、浅层地能和生物质能”等为首的可再生能源在建筑能源领域应用的既定目标，有助于可再生能源在建筑的应用和推广，也为海洋能的应用和节能留下了广阔的空间。

我国也已经制定了《中华人民共和国节约能源法》和《民用建筑节能条例》等法律法规，这些政策形成了可再生能源节能利用的基本框架，对建筑的可再生能源应用有具体指导意义。除了立法工作外还需要如下多方面的政策支持。

1. 建立财政激励政策

鉴于可再生能源在建筑中应用的初期存在着成本高的问题，国家可以采取相应的财政激励政策，对可再生能源的生产者和使用者给予一定的补贴或税收优惠，使之在市场竞争中不会处于明显劣势，达到推广可再生能源应用的目的。

（1）资金补助政策。财政部于2006年下发的《关于印发〈可再生能源建筑应用专项资金管理暂行办法〉的通知》（财建〔2006〕460号）中明确规定：国家对于应用可再生能源的示范工程进行无偿补助，旨在补贴可再生能源生产成本过高的不足，各地方政府应当积极研究并制定相关政策。国家重点支持以下可再生能源示范工程的技术集成和标准制定：

1）建筑一体化太能阳热水供应、采暖空调技术。

2）地下水及地表水水源热泵技术。

3）沿海地区海水热泵技术。

4）地源热泵技术。

5）污水源热泵技术。

6）农村应用生物质能供热及炊事技术。

7）具有自主知识产权的先进的可再生能源应用技术。

8）培育相关能效评估机构，建立能效分级产品认证制度。

国家对上述技术采取直接资金补贴的措施，为可再生能源的发展提供资金支持，一些地方政府还采取了多元化的激励政策。

（2）税收优惠。利用税收政策来调节可再生能源和非可再生能源之间的利润差，也是政府在推广可再生能源建筑应用方面一个可行的措施。一方面对列入国家技术支持目录的可再生能源产业进行税收优惠，减少新技术应用的成本，促进新技术的发展；另一方面，对传统的建筑用能源增加征税力度，对于污染严重的，即将淘汰的能源类型，可以征收惩罚性税额，对于处在过渡期间的能源供应类型，可以依据新技术推广应用的进程来决定给予扶持或淘汰。对于主导建设项目的建设方来说，国家的税收优惠政策同样也可以适用。采用可再生能源的新建的节能建筑项目，国家给予一定的管理税费免除；对于购买可再生能源建筑应用的单位和个人，可以给予契税的优惠。

2. 完善市场竞争机制

市场经济下存在着竞争，政策在市场竞争中主要起引导和扶持作用。可再生能源产业的发展水平做相应的政策引导有助于增加其市场竞争力，有助于相关产业的壮大。

（1）政府为可再生能源节能建筑应用提供投融资引导。可再生能源的种类较多，而且各种技术发展水平不一，技术应用前景不一，各地方的发展情况差异也较大，加之投资方对新兴行业的不了解，良莠不分，往往导致一个好的项目融不到资，得不到资金就无法发展。政府作为地方经济的主管职能部门，应该为这些符合国家重点推广的节能的新兴行业牵线搭桥，促进相关产业良好发展。为了降低市场风险，政府应该充当“担保人”的角色，利用专项资金为贷款企业提供担保，保证融资渠道的畅通，对于有关技术难度高，市场转化率不足等问题，还应适当延长期还贷期限，真正起到资金扶持的作用。

（2）推动节能服务专业化发展。成立节能咨询服务公司，将其作为推广可再生源建筑应用的专业化的按市场规则动作的主体，为社会上各种需要发展可再生能源利用的单位和个人提供服务。这既是一个新兴的产业，又是一个应该优先得到发展的产业。各地区、各部门应充分认识到建立专业化第三方服务公司的重要性，明白其在市场化动作中发挥的市场自由调节的重要作用，采取切实有效措施，因地制宜，进行科学推广。首先应充分发挥市场配置作用，以分享节能效益为基础，促进节能服务公司加强科技创新，提高服务能力，改善服务质量；其次加强政策引导，加强行业自管、自律，营造有利于节能行业发展的政策环境和市场环境。

3. 制定相关技术研发标准体系

国家采取一切措施促进可再生能源建筑节能应用的发展，其终极目标就是建立相关行业自主创新、自我发展、市场运营和应用的标准化体系。技术标准的制定和标准化体系的建立是支撑可再生能源建筑应用的必要条件，在推动产业发展的过程中，要注意不断总结经验，将其中一些可靠的经验编入技术规程和规范中，对于已实施的国家标准要按当地的实际，制定出适合当地的设计、施工和验收标准。国家还应该推行产品分级制度，根据可再生能源的适应条件编写技术适用指南，各地方在应用时可参照技术指南，依当地的实际情况，选用国家优先推荐的技术，并购买纳入国家技术目录的推荐产品。

（二）公共设施、住房等方面的管理政策

为积极推进太阳能等新能源产品进入公共设施及家庭，国家在农村城市化建设过程中，促进农村现代化建设，进一步放大可再生能源建筑应用政策效应，提高财政资金使用的安全性、规范性与有效性，财政部、住房和城乡建设部实施更详细的政策，尤其在太阳能方面的运用。

1. 签订省部级协议，共同推动集中连片发展

2015 年，中共中央十八届五中全会提出房地产改革及去库存化的一系列决定，对选定的农村集中连片推广示范区，财政部、住房和城乡建设部将与所在省签订共建协议，明确推广任务目标、实施方案、保障措施及中央财政资金支持计划等。财政部、住房和城乡建设部将切实加大对集中连片推广的支持力度，补助资金安排优先向集中连片推广示范区倾斜，将补助资金拨付至省（自治区、直辖市），并加强指导、监督与考核。各地也应将集中连片推广区作为优先发展的重点区域，抓好组织实施。要注重可再生能源建筑集中连片推广应用与发展绿色建筑相结合，将集中连片推广区打造成为生态低碳先导示范区。

2. 大力推进实施太阳能浴室等重点工程，切实推动新能源更好地惠及民生在上述政策框架内。

财政部、住房和城乡建设部将优先支持太阳能光热应用等成熟技术的推广，启动和实施一系列重点工程，使财政补助资金向农村地区、公益性建筑和保障性住房等方面倾斜，支持有关地方推广太阳能海水淡化技术。鼓励各省在编制实施方案时优先纳入重点工程实施内容。

（1）太阳舱浴室工程。主要内容是以村为单位，建设公共太阳能浴室，解决农村特别是北方地区农村冬季洗浴难的问题。各省应对本行政区域内村庄建设公共太阳能浴室工程的需求进行调查摸底，编制建设计划，并对浴室选址、设计、产品采购及施工加强指导、监督和政策支持，确保建设质量。北方地区建设的太阳能浴室必须同步采取建筑节能措施，进一步提高舒适性。要积极探索太阳能浴室建成后的后续管理模式，确保长期高效使用。

（2）保障性住房太阳能推广工程。主要内容是有条件的地区在保障性住房建设中，同步规划、设计、安装应用太阳能，为居民提供生活热水等。各省应根据地区实际及保障性住房建设规划，合理安排推广计划，与保障性住房建设同步实施、同步投入使用。

（3）农村被动式太阳能暖房工程。主要内容是在新农村民居建设工程、牧民定居工程等集中建设农村住宅的过程中，同步采用被动式应用太阳能技术，部分的解决冬季采暖问题。各省要统筹考虑本地区气候特点、居民生活习惯、农居建筑形式等因素，合理选择被

动式太阳能技术，并统一进行设计、施工。

（4）阳光学校、阳光医院工程。主要内容是在寄宿制中小学、卫生院等公益性公共建筑中大力推广应太阳能，包括建设太阳能浴室以及集中太阳能热水系统，解决生活热水需求；建设太阳能房，解决教室、病房的采暖问题等。各省要及时摸清学校、医院太阳能应用需求，编制建设计划及具体工作方案。

（三）电力行业的管理政策

要围绕2020年国家非化石能源发展目标和国家关于发展战略性新兴产业的工作部署，高度重视可再生能源发展。

1. 水电

在保护环境和生态的条件下，积极而有序地发展水电；在发展水电的同时，实现繁荣当地经济、致富工程移民的目的。实现水电又好又快的发展，以提高水电开发程度为目标，以建设15个大型水电基地为中心，以建设百万千瓦级以上水电站为重点。同时，积极发展小水电，全面推动水电事业的发展。并且要统筹协调发展，推进水电电价市场化改革，完善水电开发的政策。

2. 风电

风电发展重点是解决好接入电网和并网运行消纳问题，要通过开展电力需求响应管理，完善电力运行技术体系和运行方式，改进风电与火电的协调运行，特别是要通过风电发展与当地供热、居民用电等民生工程、农田水利等农业工程相结合，扩大风电本地消纳量。同时，要加快发展没有电网制约的中部、东南部地区的风电，以及分散式接入风电，开辟风电发展更多途径。近中期优先发展陆上风电，因地制宜地试点海上风电；加快产业化建设和技术服务体系建设。优先发展并网风电场，同时积极实施分布式发电系统、风电直供用电大户的储能装置项目的科学研究，时机成熟后推广。

3. 太阳能发电

太阳能发电发展的主要方式是就近接入、当地消纳，特别是要发展分布式太阳能发电。电网企业要为分布式太阳能发电做好并网运行服务，通过发展智能电网等技术为分布式太阳能发电提供支撑。注重太阳能光伏产业链的均衡发展，从产业链的上游入手，努力降低成本；确保高精度硅材料生产过程的环境保护。同时强制性推广太阳能热利用，实现太阳能热利用与建筑的有机结合。

4. 生物质能发电

生物质能要针对原生物质发电企业存在的问题，利用要因地制宜、综合利用，做好资源评价、合理规划，有序发展生物质发电，积极推广生物质成型燃料，完善生物质气化供气。更主要的是进行生物质梯级综合利用，发展生物质为原料的燃料乙醇，生物化工，并结合生物质发电、沼气等形成生物质综合利用体系。能源要与农业协调发展，做到生物质的能源利用“不与人争粮争糖，不与粮争地争水，不与牲畜争饲料”；确保粮食充足、安全。

5. 海洋能发电

海洋能发电是将海洋能转化成电能，主要有潮汐能发电、波浪能发电、温差能发电、海流能发电、盐差能发电等这几种。海洋能资源巨大，在化石能源逐渐消耗殆尽的将来，具有很好的开发前景。我国海洋能开发步伐进一步加快。山东长岛海上风电场、江苏如东海上示范风电场一期工程开工建设，上海东海大桥海上风电场顺利建成，浙江三门2万千瓦潮汐电站工程、福建八尺门潮汐能发电项目正式启动，海洋微藻生物能源项目落户深圳龙岗……温岭江厦潮汐试验电站是我国最大的潮汐电站，规模位居世界前列。

在能源消费量持续攀升和传统能源日趋紧缺的外部环境影响下，新能源开发利用已经成为大势所趋。经过多年的技术积累，我国在海洋能开发及相关研究领域已经取得丰硕成果，开发成本不断降低，海洋能产业进入战略机遇期。我国海洋能资源蕴藏量丰富，再生能力强，海洋能发电产业得到国家政策的鼓励和扶持，投资前景良好。

根据规划，到2020年，我国计划在山东、海南、广东各建1座1000千瓦级岸式波浪能电站；在浙江舟山建设10千瓦级、100千瓦级和1000千瓦级的潮流电站；在西沙群岛和南海各建1座温差能电站。

（四）小结

可再生能源的利用应该统一规划，加大投入，制定其开发利用的优惠政策和管理政策，具体措施如下。

1. 统一规划

要组织制定一个包括科技发展目标、成熟技术的应用或引进、可再生能源电力建设及综合利用、产业化进程、应采取的措施和政策等在内的全国可再生能源开发利用发展规划。这个规划要在调研的基础上，充分利用各种可再生能源资源，合理布局、资源互补、不失时机地加快我国可再生能源开发利用的进程。

2. 加大投入

目前我国已具备良好的经济基础，有可能以较大投入来发展可再生能源的开发利用；另外，在市场机制发展的条件下，可采取各种办法多方集资，建立一定规模的风险基金，或以BOT方式引进外资。有些重大科技项目还可积极争取国家支持。

3. 制定开发利用可再生能源的优惠政策和管理政策

在优惠政策方面包括税收减免政策、加速折旧政策、投资融资政策、电价补贴政策等。在管理政策方面包括建立可再生能源开发利用科研和建设项目的招标竞争机制；由一

个管理委员会（或开发公司）统一管理可再生能源发电和各种综合利用的收益，对咨询、勘测、设计、施工、维护保养等实行微利服务，独立承担风险；向用户积极宣传利用可再生能源的意义和价值，吸收可再生能源电力用户共同开发等。所有这些政策在经过一段时间的试行以后，都要给予立法，以获得法律保障。

三、与可再生能源相关的电价政策

改革开放以来，随着我国经济的快速发展，能源资源消耗规模巨大。近几年来，为实现可持续发展，我国政府大力推动节能减排与可再生能源的利用。其中，在扩大可再生能源的利用方面，我国政府先后出台了《可再生能源发电价格和费用分摊管理试行办法》《可再生能源发展十二五规划》和《可再生能源法》等。在各种政策的作用下，2013 年，我国在可再生能源方面的投资额高达 542 亿美元，超过了美国 339 亿美元的投资额，成为了全球投资额最高的国家。

（一）现行可再生能源电价政策现状

1. 我国电价监管部门对可再生能源支持的力度在逐步加大

目前，进入公共电网的可再生能源电力都要由政府物价主管部门审定，进入省级电网的由国家发改委审批，进入市（县）级独立电网的由省级政府物价主管部门审定。由于小水电大多进入市（县）级独立电网，因而小水电价格大多由地方政府监管。公用风电由于实验性较强，较多接入省级电网，因而其上网电价大多由国家发改委审定。可再生能源上网电价的定价方法与其他常规能源发电价格是一致的，即原来为“还本付息电价”，现在为“经营期电价”。此外，近来在风电行业开始试行招标制，相应的，新建的几个风电企业上网电价也实行了招标制。到目前为止，只要是经过国家发改委（或原国家计划委员会）批准的可再生能源发电项目，其上网电价都是按“经营期电价”或“还本付息电价”方法确定的，因而价格水平均大大高于常规电源。最近实行了招标制的几个风电项目，招标确定的上网电价虽有较大幅度降低，但仍达 0.5 元/千瓦时左右，高于上网电价平均水平近 50%。

2. 系统性的政策构架尚未形成

2003 年，在国务院已批准的《电价改革方案》中，提出了风能、地热等可再生能源发电企业暂不参加市场竞争，“条件具备时”可采取类似“绿色证书交易”的解决办法。问题是，与发达市场经济国家相比，中国市场体系尚不健全，市场发育程度低，法制基础差，“绿色证书交易”的条件在短期内不可能具备。《可再生能源法》又提出了可再生能源发电“强制性配额”“分地区制定上网电价标准”“可再生能源与常规能源的成本差额在全社会分摊”等支持措施。但“强制性配额”如何确定和落实、分地区的上网电价标准如何制定、可再生能源与常规能源的成本差额在全社会分摊采取什么方式等，均有待具体的政策措施。

（二）可再生能源电价政策内容

可再生能源电价的主要政策是关于上网电价、接网费用和电价附加及收入调配三部分。

1. 上网电价

可再生能源发电项目上网电价由国务院价格主管部门根据不同类型可再生能源发电的特点和不同地区的情况，按照有利于促进可再生能源开发利用和经济合理的原则确定，并根据可再生能源开发利用技术的发展适时调整。实行招标的可再生能源发电项目的上网电价，按照中标确定的价格执行，但不得高于同类可再生能源发电项目的上网电价水平。

可再生能源商业化开发利用的重点是发电技术，制约其发展的主要因素是上网电价。国务院价格主管部门可根据各类可再生能源发电的技术特点和不同地区的情况，按照有利于可再生能源发展和经济合理的原则，制定各类可再生能源发电项目的上网电价，并根据可再生能源开发利用技术的发展进行适时调整；实行招标的可再生能源发电项目的上网电价，则按照招标确定的价格执行，并根据市场情况进行合理调整，防止因局部环节和个别地区的产能过剩而限制整个可再生能源发电的正常增长。

2. 接网费用

可再生能源发电项目接网费用是指专为可再生能源发电上网而发生的输变电投资和运行维护费用（包括输电线路和变电站）。据统计测算，我国风电场接入的投资费用一般要占到风电场投资的12%左右，比丹麦要高出4%左右。目前国家规定的接网费用补贴标准按电量和线路长度制定：50千米以内为1分钱/千瓦时，50～100千米为2分钱/千瓦时，100千米及以上为3分钱/千瓦时。

3. 电价附加及收入调配

目前我国可再生能源电价附加补贴范围是根据国家发改委《可再生能源发电价格和费用分摊管理办法》的规定，有三项费用可通过从销售电价中收取的电价附加支付：一是2006年后由国家核准的可再生能源发电上网电价高于当地脱硫燃煤机组标杆上网电价的差额部分；二是国家投资或补贴建设的公共可再生能源独立电力系统运行维护费用高于当地省级电网平均销售电价的部分；三是可再生能源发电项目接网费用。需要说明的是，现行有关文件规定：发电消耗热量中常规能源超过20%的混燃发电项目视同常规能源发电项目，执行当地燃煤电厂的标杆电价，不享受补贴电价；水电发电价格暂按现行规定执行，不在可再生能源电价附加补贴范围。

（三）具体可再生能源的电价政策

1. 风电价格政策

（1）内涵。2006年1月，国家发改委公布了《可再生能源发电价格和费用分摊管理

试行办法》，其中规定“风力发电项目的上网电价实行政府指导价，电价标准由国务院价格主管部门按照招标形成的价格确定”。风电实行招标定价，政策的本意是指通过招标电价制定电价标准，而不是必须对每一个项目都实行招标定价。

（2）实施。价格政策的实施促进了风电市场的繁荣发展。2006年，我国新安装的风电机组即达到1445台，总容量133万千瓦，超过以往历年的总和，年增长率达到107%，风电累计装机总量居世界第6位，2013年全国风电项目布局得到优化，“三北”弃风限电情况有所好转，中东部和南部地区风电加快发展，补贴提高，风电设备制造业显现复苏迹象；整机不断优化，开发企业盈利情况普遍好转，产业链各环节都在经历变革，这一切在潜移默化中为未来的产业经济增长做着铺垫。

在2014年3月5日召开的十二届全国人大二次会议上，国务院总理李克强在政府工作报告中明确提出：推动能源生产和消费方式变革，提高非化石能源发电比重，发展智能电网和分布式能源，鼓励发展风能、太阳能。同日，国家发改委在《关于2013年国民经济和社会发展计划执行情况与2014年国民经济和社会发展计划草案的报告》中提出，将“适时调整风电上网电价”作为2014年的主要任务之一。

2. 生物质发电价格政策

（1）内涵。生物质发电原料有多种，技术形式多样，主要包括农林废弃物直接燃烧和气化发电、垃圾焚烧和垃圾填埋气发电、沼气发电等，但原料来源复杂，资源状况有很大的不确定性，技术本身也存在一定的不确定性。因此，在《可再生能源发电价格和费用分摊管理试行办法》中规定，对生物质发电实行政府定价，具体是：由国务院价格主管部门分地区制定标杆电价，电价标准由各省（自治区、直辖市）2005年脱硫燃煤机组标杆上网电价加补贴电价组成；补贴电价标准为0.25元/千瓦时。发电项目自投产之日起，15年内享受补贴电价；运行满15年后，取消补贴电价。

（2）实施。固定补贴的生物质发电价格政策出台后，实施效果显著，尤其是在农林废弃物直燃发电方面。2006年，国内开始掀起秸秆、林木废弃物发电的热潮，中央和地方政府核准的农林剩余物生物质发电项目达50处，总装机容量超过150万千瓦。此外，垃圾填埋气发电、垃圾直燃发电、有机废弃物发酵沼气发电等的市场也在政策的激励下不断发展，2006年生物质气化以及垃圾填埋气发电项目投产3万千瓦，在建的有9万千瓦。

最近几年来，国家电网公司、五大发电集团等大型国有、民营以及外资企业纷纷投资参与中国生物质发电产业的建设运营。截至2007年年底，国家和各省发展和改革委员会已核准项目87个，总装机规模220万千瓦。全国已建成投产的生物质直燃发电项目超过15个，在建项目30多个。可以看出，中国生物质发电产业的发展正在渐入佳境。

根据国家“十一五”规划纲要提出的发展目标，未来将建设生物质发电550万千瓦装机容量，已公布的《可再生能源中长期发展规划》也确定了到2020年生物质发电装机3000万千瓦的发展目标。此外，国家已经决定，将安排资金支持可再生能源的技术研发、设备制造及检测认证等产业服务体系建设。总的来说，生物质能发电行业有着广阔的发展前景。

3. 太阳能发电价格政策

（1）内涵。太阳能光伏发电技术成熟，我国的光伏制造业也有很好的基础，位居世界第3位，如果有合适的价格政策支持，市场能够实现超速发展。根据我国太阳能资源情况，上网电价应该达到5～7元/千瓦时，既脱离我国国民经济发展的实际承受能力（我国每1千瓦时的电量，并不能产生6元人民币的效益），也不符合经济合理的要求。因此，在现有的政策中，对于太阳能发电，采用的是按照合理成本加合理利润的原则，由政府按照项目定价。

（2）实施。太阳能发电价格政策目前还看不出它的执行效果，被业内简单称为"一事一议"的政府定价政策，除了在内蒙古作为示范目的太阳能聚光发电项目外，目前还没有并网光伏项目获得明确核准的价格，难点仍在于太阳能发电的高成本以及如何保持适度的发展规模问题。在第1期《可再生能源电价补贴和配额交易方案》中，西藏羊八井并网光伏电站获得了0.35元/千瓦时的价格补贴，由于该项目为中国科技部和韩国贸工部的合作项目，双方政府为该项目已经提供了大部分初始投资，这也是给业界的一个信号，国家对并网光伏发电项目的支持可以通过中央和地方以示范项目投资补贴和上网电价等多种方式来体现。上海、北京等地也在讨论开展屋顶计划，支持建立一定规模的并网光伏市场，但价格政策尚未明确。

为促进光伏发电产业健康发展，根据《国务院关于促进光伏产业健康发展的若干意见》（国发〔2013〕24号）有关要求，在充分征求有关方面意见基础上，近期下发了《国家发展改革委关于发挥价格杠杆作用促进光伏产业健康发展的通知》（发改价格〔2013〕1638号），对光伏发电价格政策做了进一步完善。其主要内容为：一是分资源区制定光伏电站标杆电价，根据各地太阳能资源条件和建设成本，将全国分为三类太阳能资源区，相应确定了三类资源区标杆上网电价分别为0.9元/千瓦时，0.95元/千瓦时和1元/千瓦时；二是制定了分布式光伏发电项目电价补贴标准，对分布式光伏发电实行按照发电量补贴的政策，电价补贴标准为0.42元/千瓦时；三是明确了相关配套规定，对分布式光伏发电系统自发自用电量免收随电价征收的各类基金和附加，以及系统备用容量费和其他相关并网服务费；鼓励通过招标等竞争方式确定光伏发电项目上网电价和电量补贴标准；明确光伏发电上网电价及补贴的执行期限原则上为20年；四是明确了政策适用范围，分区标杆上网电价政策适用于2013年9月1日以后备案（核准），以及2014年9月1日前备案（核准），但于2014年1月1日及以后投运的光伏电站，电价补贴标准适用于除享受中央财政投资补贴以外的分布式光伏项目。上述政策措施的实施，将为扩大国内光伏市场创造更为有利的条件，有利于充分发挥价格杠杆引导资源优化配置的积极作用，促进光伏发电项目合理布局和光伏产业的健康发展。

（四）小结

电价政策既要促进可再生能源的开发利用，也要经济合理。所谓有利于促进可再生能源的开发利用，是指确定的上网电价和适用期限应当体现电力成本和合理利润，确保可再

生能源开发商在一定的经营期内得到合理的投资回报，避免价格过低或规定的价格期限过短而带来难以承受的投资风险。所谓经济合理，是指所确定的上网电价和使用期限应当体现经济合理和经济效率，政府扶持的可再生能源发电企业所获得的平均利润应大致相当于或略高于发电企业的平均水平，不对可再生能源开发利用形成过度保护。这两条原则看似有些矛盾，实质上是有机的统一，体现了既扶持促进可再生能源发展，又从经济合理出发，尽可能降低社会的费用负担。

四、我国海洋能开发的战略规划

随着我国海洋事业的发展，迫切需要加强对海洋规划的研究，以利于加快海洋开发利用。新中国成立以来，我国在海洋战略规划上也取得了一定的成绩，先后发布了《国家海洋事业发展规划纲要》《全国海洋经济发展规划纲要》《中国海洋事业的发展》《中国海洋21世纪议程》《全国海洋功能区划》《海水利用专项规划》《国家“十一五”海洋科学和技术发展规划纲要》《全国海洋标准化“十一五”发展规划》《全国科技兴海规划纲要(2008—2015年)》《国家“十三五”规划》等海洋发展战略规划。并在“十三五”规划中提出拓展蓝色经济空间。坚持陆海统筹，壮大海洋经济，科学开发海洋资源，保护海洋生态环境，维护我国海洋权益，建设海洋强国。这些足以说明国家对于海洋能的重视程度已经上升到战略等级，因此在我国海洋能的开发具有良好的发展前景。

1.《国家海洋事业发展规划纲要》

我国的海洋事业取得了长足的进步，但仍存在许多困难与问题，例如，岛屿被占、资源遭掠问题严重，我国海洋维权形势严峻；海洋资源开发不足与过度开发并存；海洋产业结构不尽合理，区域布局尚需优化；海洋污染形势严峻，海洋生态环境压力依然较大；海洋资产家底不清，海洋科技水平与科技贡献率低；全民海洋意识有待进一步提高；海洋灾害使人民生命财产遭受严重损失等。基于这样的现状，2008年2月国务院正式批复同意国家发改委、国家海洋局报送的《国家海洋事业发展规划纲要》，这是新中国成立以来中国首次发布的海洋领域总体规划，是海洋事业发展新的里程碑，对促进海洋事业的全面、协调、可持续发展和加快建设海洋强国具有重要的指导意义。

该规划共分为10个部分：机遇与挑战；指导思想、基本原则、发展目标；海洋资源可持续利用；海洋环境和生态保护；海洋经济的统筹协调；海洋公益服务；海洋执法与权益维护；国际海洋事务；海洋科技与教育；实施规划的措施。

2.《全国海洋经济发展规划纲要》

改革开放30多年，我国海洋经济发展的社会条件、经济规模已经使其成为整个国民经济的重要组成部分。海洋产业总产值高于同期国民经济增长速度，海洋各产业持续快速发展。但是，海洋经济发展中还存在一些问题，如缺乏指导、协调和规划，体制上不够完善，产业结构性矛盾突出等。这些问题需要研究制定一个突出国家层次、具有宏观指导性、综合性、跨部门、跨行业的海洋经济发展规划，以保证我国海洋经济健康快速发展。

2000年12月，国务院总理温家宝对国家海洋局的工作做出重要批示，要求海洋局协同国家计划委员会制定《全国海洋经济发展规划》，并监督实施。经过广泛调研，反复征求有关方面的意见和建议，2003年初《全国海洋经济发展规划纲要》上报国务院，2003年5月国务院发出通知批准实施。

《全国海洋经济发展规划纲要》共有六大部分：第一部分是海洋经济发展现状与存在的问题；第二部分是发展海洋经济的指导原则、发展目标；第三部分是海洋产业；第四部分是海洋经济区域布局；第五部分是海洋生态环境与资源保护；第六部分是发展海洋经济的措施。这是我国政府为促进海洋经济综合发展而制定的第一个具有宏观指导性的文件，这对于我国加快海洋资源的开发利用，促进沿海地区经济合理布局和产业结构调整，努力促使海洋经济各产业形成国民经济新的增长点，进而保持国民经济持续健康快速发展、实现全面建设小康社会目标有着重要意义。

3.《中国海洋21世纪议程》

1992年，联合国环境与发展大会通过《21世纪议程》，把海洋作为重要的组成部分之一。1992年，中国政府根据联合国环境与发展大会的精神，制定了《中国21世纪议程》，把“海洋资源的可持续开发与保护”作为重要的行动方案领域之一。为了在海洋领域更好地贯彻《中国21世纪议程》精神，促进海洋的可持续开发利用，中国在1996年制定了《中国海洋21世纪议程》。

《中国海洋21世纪议程》共分11章：战略和对策；海洋产业的可持续发展；海洋与沿海地区的可持续发展；海岛可持续发展；海洋生物资源保护和可持续利用；科学技术促进海洋可持续利用；沿海区、管辖海域的综合管理；海洋环境保护；海洋防灾、减灾；国际海洋事务；公众参与。继《中国海洋21世纪议程》之后，国家海洋局又制定了《中国海洋21世纪议程行动计划》，将《中国海洋21世纪议程》的行动方案领域分解列项而成的可操作计划，是实施该议程的重大步骤和具体行动。

4.《全国海洋功能区划》

为了合理使用海域、保护海洋环境，2000年颁布实施的《中华人民共和国海洋环境保法》第六条规定：国家海洋行政主管部门会同国务院有关部门和沿海省、自治区、直辖市人民政府拟定全国海洋功能区划，报国务院批准。国家海洋局在广泛征求国家有关部门及沿海省、自治区、直辖市人民政府意见的基础上，2002年9月经国务院批复同意，发布了《全国海洋功能区划》。

《全国海洋功能区划》突出了3个方面的内容：一是将我国管辖海域划定了港口航运区、渔业资源利用与养护区、旅游区、海水资源利用区、工程用海区、海洋保护区、特殊利用区、保留区等10种主要海洋功能区，并提出了每种海洋功能区的开发保护重点和管理要求；二是确定了渤海、黄海、东海、南海四大海区中30个重点海域的主要功能，重点海域包括近岸海域、群岛海域及重要资源开发利用区；三是制定了实施区划的主要措施，包括完善海洋功能区划体系、认真组织实施海洋功能区划、加强监督检查、完善海洋功能区划的技术支撑体系、搞好宣传教育等5个方面。

5.《海水利用专项规划》

早在2000年，海水利用领域就被列入国家重点鼓励发展的产业。2003年，海水利用被正式列入《中华人民共和国国民经济和社会发展第十个五年计划纲要》和《全国海洋经济发展规划纲要》。2003年9月《海水利用专项规划》编制工作正式启动。经过两年多的努力，2005年10月国家发改委、国家海洋局和财政部联合发布了《海水利用专项规划》。

《海水利用专项规划》的规划期为“十一五”（2006—2010年），展望到2020年，阐述了我国海水利用的现状、面临的形势，明确了指导思想、原则和目标，提出了今后将实施的十大重点工程等。该规划是我国水资源综合利用战略工程的重要组成部分，又是指导我国中长期海水利用工作的纲领性文件，标志着我国海水利用工作进入一个全新的阶段。

6.《可再生能源发展“十二五”规划》

我国可再生能源政策体系不断完善，通过开展资源评价、组织特许权招标、完善价格政策、推进重大工程示范项目建设，培育形成了可再生能源市场和产业体系，可再生能源技术快速进步，产业实力明显提升，市场规模不断扩大，我国可再生能源已步入全面、快速、规模化发展的重要阶段。

7.《海洋可再生能源发展纲要》

2013年12月27日，国家海洋局印发《海洋可再生能源发展纲要》（2013—2016年）纲要提出，到2016年，我国将建成具有公共试验测试泊位的波浪能、潮流能示范电站以及国家级海上试验场，进而为我国海洋能产业化发展奠定坚实的技术基础和支撑保障。

《海洋可再生能源发展纲要》明确了我国海洋能发展的5项重点任务：一是突破关键技术，重点支持具有原始创新的潮汐能、波浪能、潮流能、温差能、盐差能所需的新技术、新方法研发及相关技术研究与试验；二是提升装备水平；三是建设海洋能电力系统示范工程和近岸万千瓦级潮汐能示范电站等示范项目；四是制定海洋能资源勘察、评价、装备制造、检验评估、工程设计、施工、运行维护、接入电网等技术标准规范体系；五是在前期海洋能资源调查的基础上，重点开展南海海域海洋能资源调查及选址计划。

《海洋可再生能源发展纲要》指出，发展海洋能是确保国家能源安全、实施节能减排的客观要求，是提升国际竞争力的重要举措，是解决我国沿海和海岛能源短缺的主要途径，是培育我国海洋战略性新兴产业的现实需要。要把开发利用海洋能作为增加可再生能源供应、优化能源结构、发展海洋经济、缓解沿海及海岛地区用电紧张状况的战略举措，推动海洋能规模化、产业化发展，培育可再生能源新兴产业。

为确保工作取得实效，《海洋可再生能源发展纲要》还提出了5项保障措施，即优化海洋能激励政策环境、健全海洋能技术创新体系、加强海洋能开发利用管理、建立海洋能技术管理体系、形成国内外合作交流促进机制。

8.《国家“十三五”规划》

《国家“十三五”规划》提出要坚持创新发展，着力提高发展质量和效益。在国际发展竞争日趋激烈和我国发展动力转换的形势下，必须把发展基点放在创新上，形成促进创新的体制架构，塑造更多依靠创新驱动、更多发挥先发优势的引领型发展。为此要拓展发展新空间。用发展新空间培育发展新动力，用发展新动力开拓发展新空间。涉及海洋能产业发展的有以下 3 个方面：

（1）拓展产业发展空间。支持节能环保、生物技术、信息技术、智能制造、高端装备、新能源等新兴产业发展，支持传统产业优化升级。推广新型孵化模式，鼓励发展众创、众包、众扶、众筹空间。发展天使、创业、产业投资，深化创业板、“新三板”改革。支持、引导海洋能制造相关企业上市工作。

（2）拓展蓝色经济空间。坚持陆海统筹，壮大海洋经济，科学开发海洋资源，保护海洋生态环境，维护我国海洋权益，建设海洋强国。

（3）实施智能制造工程，构建新型制造体系，促进新一代信息通信技术、高档数控机床和机器人、航空航天装备、海洋工程装备及高技术船舶、先进轨道交通装备、节能与新能源汽车、电力装备、农机装备、新材料、生物医药及高性能医疗器械等产业发展壮大。

9. 小结

各国海洋能政策和路线图都是在基于本国海洋能资源储量的基础之上制定的，我国应以 908 专项“我国海洋能调查成果”为基础对海洋能的分布和开发潜力进行评估，并在此基础上制定我国发展海洋能的总体发展路线图，评估开发可能对环境产生的影响，建立健全海洋能管理机构和法规，合理规划产业发展。

五、我国现有的海洋能政策法规

海洋政策是党和政府在特定的历史阶段，为维护国家的海洋利益，实现海洋事业的发展而制定的行动准则和规范。它是一系列事关海洋事业发展的规定、条例、办法、通知、意见、措施的总称，体现了一定时期内党和政府在海洋资源开发、海洋环境保护、海洋权益维护等方面的价值取向和行为倾向。对于一个国家来说，海洋事业的发展最终是为了国家谋取一定的海洋利益。

1. 开发利用海洋能的政策背景

《可再生能源法》明确将海洋能纳入其中，规定将可再生能源开发利用的科学技术研究和产业化发展列为科技发展与高技术产业发展的优先领域，纳入国家科技发展规划和高技术产业发展规划，并安排资金支持可再生能源开发利用的科学技术研究、应用示范和产业化发展，促进可再生能源开发利用的技术进步，降低可再生能源产品的生产成本，并对可再生能源发电实行全额收购制度。这些政策和制度建设也为海洋能开发提供了强有力的支持。此外，《国家海洋事业发展规划》《国家海洋经济发展规划纲要》《国家“十二五”海洋科学和技术发展规划纲要》《可再生能源发展“十二五”规划》《海洋可再生能源发展纲要（2013—2016 年）》等都对海洋能发展做出了阐述和目标要求。

2. 引导企业发展海洋能的金融政策

一项新的能源开发利用需要大量的经济支撑，初期探索阶段的投入巨大，在政府有限的资金投入下，更多的资金应来源于企业的投资、融资。可以通过实行各类鼓励的财税、金融、政府采购补贴和引导企业入股等金融政策，完善对企业投融资的鼓励和投入机制，制定和实施扶持能够积极参与海洋能开发利用的中小科技企业的成长和发展计划，健全企业参与海洋能发展的投资和风险机制，去逐步引导企业参与、投资海洋能开发利用领域。

（1）鼓励国有大中型企业和各类优势企业跨区域、跨行业、跨所有制兼并重组，着力培育一批以海洋产业为主体、具有国际竞争力的大型企业集团。为企业参与海洋能开发利用并投资支持提供政策保障和引导。国家在安排重大技术改造项目和资金方面给予支持、开展海域使用权等抵押贷款等投资融资政策也为海洋能的开发利用的资金提供多方来源和出路。

（2）国家结合实际在各方面去对海洋能开发给予支持。例如，扶持海洋战略性新兴产业发展的优惠政策，海洋能的开发利用就是其中重要的产业之一。如海洋风能就可以落实与其配套的国家海洋风力发电的增值税的优惠政策，并可以应用到潮汐能、波浪能等海洋能源发电中。

（3）吸引社会资金参与海洋能开发利用的政策。除了政府持续稳定的资金投入外，如何进一步将社会资金引入海洋能的开发利用中，拓展海洋能开发利用的资金来源，鼓励企业甚至民众积极参与海洋能开发利用是非常重要的环节。

（4）引进外资合作开发利用海洋能的政策等可以为海洋能的企业参与提供可能。加强国家间、区域间的技术、人才交流与海洋能的开发利用的国际合作会将海洋能的潜能逐渐挖掘出来，这也是维护海洋整体生态环境合理配置利用海洋资源的需要。对外开放加强国际合作、贸易交往、信息交流都是海洋能综合合理地得到开发利用的国际保障。

3. 综合管理政策

对于海洋能的综合开发利用，综合管理政策包括管理体制和配套法律法规等方面的政策构建。管理体制改革是对一种新能源能否更好发展的政策制度保证。海洋能开发利用涉及诸多管理部门之间的权能协调。

（1）海洋能开发利用的管理体制方面。要发展海洋能产业，首先要有统一的管理机构，根据产业发展逐步健全法律法规，通过科学合理的产业规划来引导产业发展。在我国当前经济发展条件下，基于对能源保障低碳发展的需要，有必要建立海洋能产业发展的垂直管理机构，由于海洋能产业发展牵涉的部门众多，因此在该机构的行政权力等方面要进行适度倾斜，便于在各大部门、各个沿海省份之间进行协调，为海洋能产业发展建立良好的制度环境。

（2）海洋能开发利用的法制建设方面。就目前而言，我国还没有专门为海洋能开发利用设置相关法律和政策。我国可再生能源相关政策和法律也缺乏较为详细的规定和支持指导，而且没有关于海洋能的特别规定，使得在具体实践中很难具有操作性，无法具体应用到海洋能开发利用的实践中。2009 年 12 月 26 日通过的《可再生能源法修正案》，虽然在可再生能源发电全额保障性收购制度、中长期总量目标实现相关规划、可再生能源专项基金等方面较原来有了突破，但目前该法也没有相关的配套细则，实施效果有待实践检验。审视当前的实际情况，只能将在国家能源相关法律中能源利用实施细则、行政监管、能源利用各方的权利义务、利用手段及检测和相关技术标准等都适用到海洋能的开发利用上去，引导、规范海洋能开发利用实践。仍需强调的是应严格执行《可再生能源法》及其配套的法律法规和规章等。最后，必须牢记的是，新清洁能源——海洋能的开发利用是保护人们生存环境的一种选择。促进海洋能开发利用不是以牺牲环境为代价去换取任何形式的经济发展，在不破坏海洋环境的前提下去开发去利用，这样才是人们最终的目的和归属。

4. 海洋能的财政政策

我国财政部会同国家海洋局制定了《海洋可再生能源专项资金管理暂行办法》，这是专门针对海洋能的一项专门财政政策，为当前海洋能的发展建设起到了至关重要的作用。

2010 年中央财政设立专项资金，用于支持海洋能工程示范、产业化示范、技术研究与试验、标准及支撑服务体系建设等领域。为海洋可再生能源的发展提供经济方面的帮助，缓解可再生能源开发企业资金不足的压力，提高了可再生能源开发商的积极性。目前，专项资金已累计投入超过 9 亿元资金，支持了 90 项专项资金项目的研究与实施。在专项资金的带动下，已初步形成了政府引导与社会资金投入相结合、自主研发与引进消化吸收相结合、产学研用相结合的海洋能发展良好局面，推动了海洋能战略性新兴产业的发展。

灵活运用经济手段和激励政策，有利于推动海洋能产业的发展。海洋能产业属于新兴产业，也是高风险、高投资的产业，政府必须制定有利的产业政策，以引导资本、技术对这方面的投入。从各国的实践来看，为了鼓励海洋能等可再生能源的开发，许多经济和财政手段都得到了运用。如税收优惠、生产补贴、投资补贴、投资激励措施、配额制度、绿色定价等都被或单独或综合地加以运用，并且产生了很好的效果。

5. 小结

海洋政策体系研究既是一个理论研究的问题，也是一个实践检验的问题。在海洋政策的大框架内，对海洋资源政策进行剖析，深入研究海洋资源政策的每一个子系统；在政策体系的纵向结构上，分析海洋资源政策的层级和连续性；在政策体系的横向结构上，分析海洋资源政策的内容和全面性；在政策体系的过程结构上，分析海洋资源政策的过程和完整性，将纵向和横向维度纳入到政策体系的过程研究中，建立海洋资源政策体系“三位一体”的立体架构，最终建立海洋资源政策体系，使之成为海洋资源政策评估的有效工具，并为海洋资源开发与管理的实践活动提供服务。同时，实践领域也需要积极探索和应用海洋开发与管理。

六、我国海洋能政策体系存在的主要问题

目前，我国海洋能仍处于发展初期，发电技术尚不成熟，发电成本高，电能不稳定，想

要达到海洋能的规模化和商业化发展还需要一段时间。海洋能开发利用面临的这些障碍，根本上还是因为政策的支持力度不够，缺乏相对完善的政策体系。主要体现在以下几个方面。

1. 缺乏科学系统的海洋能发展整体规划

“十二五”期间，《国家海洋事业发展规划》《国家海洋经济发展规划纲要》《国家可再生能源发展“十二五”规划》对海洋能发展做出了部署，然而都是泛泛提及。我国目前仍缺乏海洋能开发利用的总体规划，难以有效协调有关涉海能源的各级各类规划的关系，缺乏指导我国海洋能发展的线路图，以确定全国海洋能源开发的布局、重点、技术和政策，使得海洋能发展动力不足，方向不明。有关部门没有充分意识到海洋能开发利用的市场前景，各沿海地区海洋能产业的发展也缺乏具体的规划和目标。要促进我国海洋能产业的发展，就要在详细调查和充分调研的基础上，通过科学论证，制定切实可行的海洋能中长期发展规划。

2. 缺乏具体可行的海洋能开发利用法律法规

海洋能的健康发展需要完善可行的指令性政策作为保障，然而目前我国还缺乏国家层面的关于海洋能开发利用方面的法规政策，且已有的可再生能源法规缺乏细则上的规定和支持，操作困难。我国现有的海洋能相关法律法规都只是一些简略的尝试，且海洋能产业的发展尚处于初期，产业发展的潜力没有被充分挖掘出来，想要实现其蓬勃发展，必须依靠国家政策的大力支持。海洋能产业的现有政策还存在很大的缺失，政策体系不完整，政策之间缺乏协调，未能形成支持海洋能可持续利用的长效机制。

3. 缺乏完善有效的财政激励制度

想要实现海洋能的稳定发展，必须依靠政府的激励。国际上许多国家通过出台激励政策来加速对海洋能的利用，目前我国在激励政策的制定上则有所欠缺，没有充分发挥出政府财政投入的支持和引导作用，在电价、补贴、税收等方面的优惠还没有明确的规定，对企业的吸引力不足，使得海洋能产业化的实现具有一定的难度，激励的力度远远不够，未形成支持海洋能持续开发利用的长效机制。

4. 缺乏持续稳定的资金和技术支持

海洋开发能利用具有高风险、高投入、回报周期长的特点，在海洋能发展的初期，其技术研发和产业培育都需要大量的资金投入，很多国家都十分重视海洋能研究开发，设立了专门的基金和奖励制度以及相应的研发机构来鼓励海洋能技术的研发，由政府引导和提供技术支持，促进公共技术研发，推动海洋能技术进步。然而我国缺乏对海洋能开发利用的长期资金投入，缺乏相应的精选示范工程，缺乏关键技术研发转化、技术引进、技术合作项目，投入较少、力量分散，难以提供促使其蓬勃发展的物质保障。

5. 缺乏协调统一的管理机制

海洋能的开发涵盖发电、上网、电价等多个环节，涉及能源主管部门、海洋管理部门、财政部门、电网公司等多个部门和企业，限于成本、技术约束和部门利益等因素，各职能部门无法进行有效地衔接和协调，难以确保海洋能开发活动的顺利进行。此外，由于受到旧体制的束缚，新兴海洋能产业的发展缺乏协调，产业与沿海市地之间、产业与行业之间、产业与环境之间存在着矛盾，阻碍了海洋能产业的发展。如何协调各部门对海洋能的管理、统筹各方力量、高质高效地实现对海洋能产业的无缝服务、逐渐形成支持海洋能产业健康可持续发展的长期有效的机制，是目前我国海洋能产业发展需要解决的主要管理问题。

6. 在纵向体系上，政策层级总体偏低

虽然我国也有“实施海洋开发”“合理利用海洋”等元政策，以及《中国海洋 21 世纪议程》等基本政策，但是都没有上升到法律的层面。仅存的元政策和基本政策不能上升到国家意志的层面，致使海洋能开发活动失去行为准则，缺乏实施综合管理的法律基础。我国海洋能政策大多停留在行政法规、地方法规、部门规章、地方规章及规范性文件等层次上，大多表现为一些通知、条例、细则、办法等。例如《渔业行政处罚程序》《海域使用权登记办法》《关于加强区域建设用海管理工作的若干意见》规范作用。海洋能政策留在部门规则的层次上，在执行中势必会引发利益纷争，导致海洋资源的过度开发。

第四章　国外海洋能开发利用的政策和经验借鉴

作为一种储量大、可再生的清洁能源，海洋能自20世纪30年代起就受到了沿海各国的广泛关注。进入21世纪以来，面对石油、煤炭等化石能源的日益匮乏和节能减排、应对全球气候变化的巨大压力，各国再次将目光投向海洋能，高度重视开发利用海洋能在未来能源领域中的战略地位。根据世界能源署海洋能协会的官方统计，目前以美国、加拿大及欧洲一些国家为代表的国家和地区在海洋能领域发展速度迅猛。海洋可再生能源已成为实现能源多样化、应对气候变化和实现可持续发展的重要替代能源，各国对海洋能的开发利用予以高度重视、加大投入力度，在战略规划、法律建设、完善政策体系、增强政策可操作性和支持力度等方面不断调整，以促进海洋能产业迅速发展。

一、国外海洋能政策

（一）英国

英国是大西洋上的一个岛国，海岸线长11450千米，得天独厚的地理环境，使英国发展海洋能具有天然优势，并因此成为世界上波浪和潮流技术的领先者。在英国，能通过商业化运作的海洋能主要包括3类，即海上风能、潮汐能和波浪能。早在2000年，英国政府就将海洋能作为电力生产的主要来源。近年来，英国在海洋能研究方面表现积极，不仅制定了海洋能战略规划，还出台了相关的政策法规，以明确发展方向，保障海洋能产业顺利发展。

1. 国家战略规划

英国是欧洲海洋能开发的领跑者。欧洲几乎一半的海浪能资源以及超过1/4的潮汐能资源分布在英国海域，英国的海洋能开发技术也处于世界前列。英国政府大力支持海洋能的开发与使用，对英国的海洋能产业制定了详细的发展规划和战略。

2003年发布《英国政府未来的能源——创建一个低碳经济体系》，设定到2050年英国能源发展的总体目标。

英国能源研究中心于2009年5月发布《英国能源研究中心海洋（波浪、潮汐流）可再生能源技术路线图》。该路线图给出了英国能源研究中心2020年发展愿景，将海洋能开发过程分为6个阶段，如图4-1所示。该路线图提出，英国潜在海洋能源到2020年的装机容量可达1～2吉瓦，如图4-2所示。

2010年3月，英国政府发布《海洋能源行动计划》，不仅描绘英国海洋能源领域2030

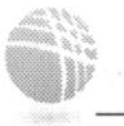

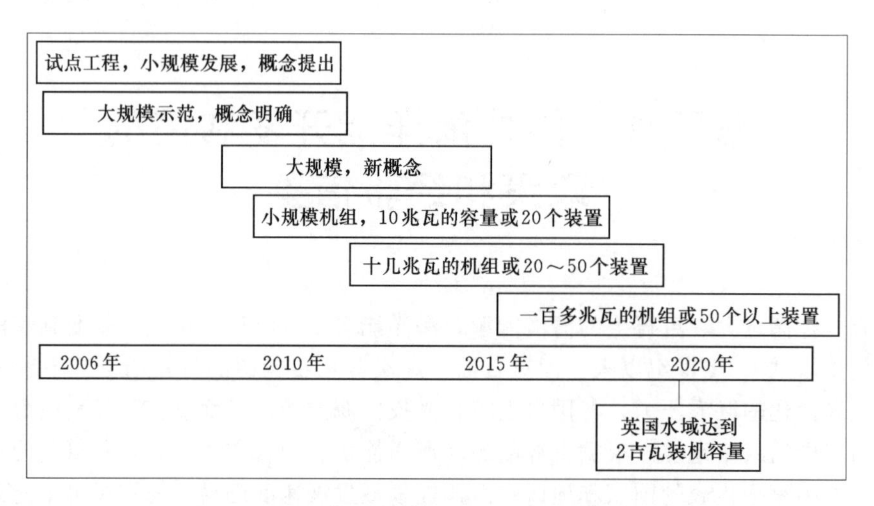

图 4－1 英国海洋能源 2020 年发展愿景

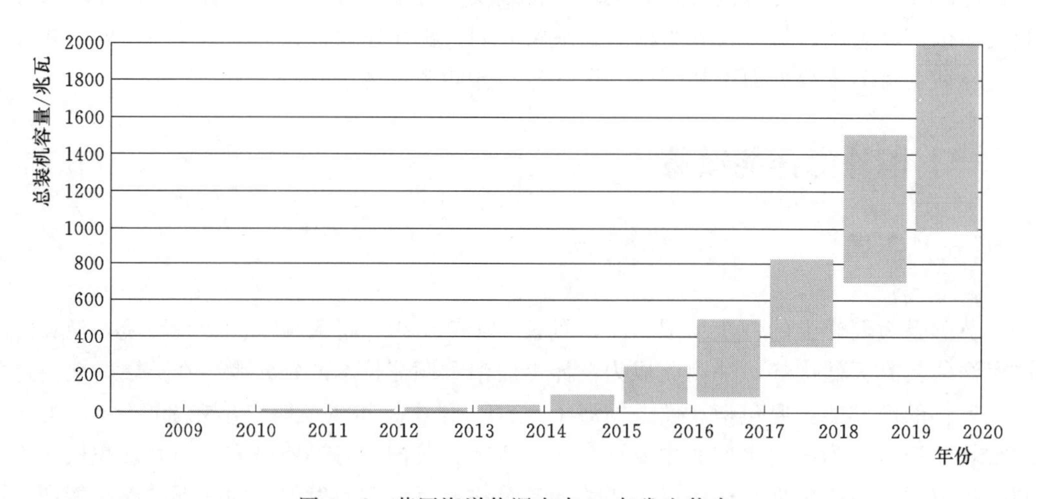

图 4－2 英国海洋能源未来 10 年发电能力

年愿景（图 4－3），还概括了私人和公共两个方面所需要的行动，以推进海洋能技术的开发和推广利用。提出在政策、资金、技术等多方面，推动潮汐能、波浪能等海洋能源发展，预计到 2030 年可满足英国 1500 万个家庭的能源需求。与此同时，发展海洋能源可使英国在 2050 年前减少排放 3000 万吨二氧化碳，并提供 1.6 万个就业岗位。该计划由 5 个工作组共同完成，即技术线路图，环境、计划与批准，财政与基金资助，基础设施、供应链与技能以及潮差。该计划同时打算完成“英国可再生能源战略”和“低碳产业战略”设定的愿景目标。计划将英国海浪及潮汐技术划分为真实条件的试验阶段、小规模阵列阶段、大规模阵列阶段和工程扩建阶段共 4 个阶段。

该计划着重关注 2010—2030 年间英国将要大力发展的波浪能、潮汐能和潮差技术等问题，鼓励更多的部门和机构参与该项行动。重点强调私营部门和公共部门应当共同行动以促进海洋能技术的开发和实施，努力实现英国的可再生能源战略和低碳产业战略愿景。

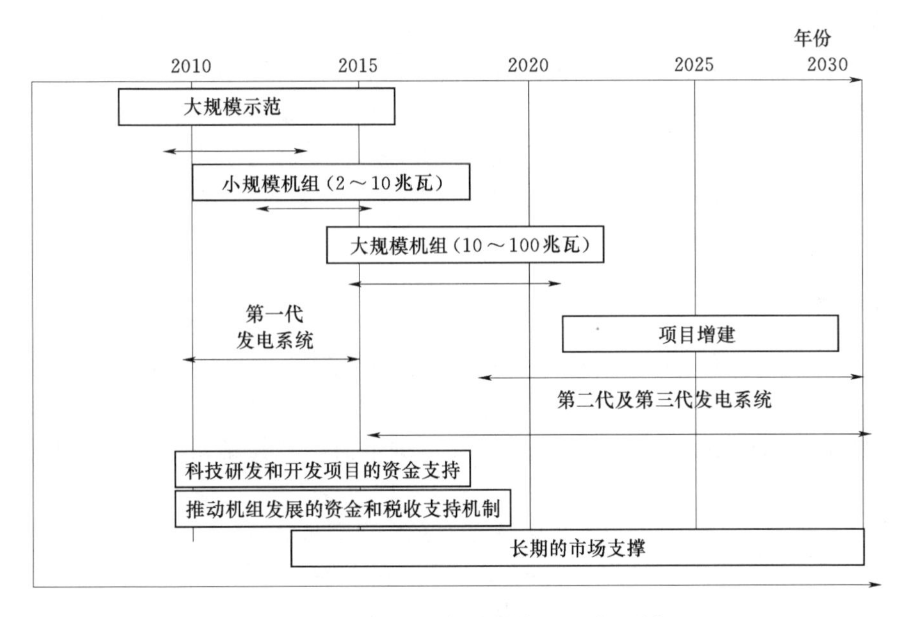

图 4-3　英国海洋能源领域 2030 年愿景

该计划的具体措施包括：设立一个全国性的战略协调小组，为海洋能源发展制定详细的路线图；引导私有资金进入海洋能源领域；推动海洋能技术研发；建立海洋能源产业链等。通过这些战略性法规、计划，将海洋能产业的发展上升到国家战略高度。

2. 指令性政策

英国自 20 世纪 30 年代起就制定能源多样化政策，1989 年，英国颁布的《电力法》，首次涉及可再生能源的相关问题，通过了一个要求电力公司购买一定量的由可再生能源资源生产的电力的法令《非化石燃料责任法》，该计划与可再生能源配额制政策十分相似，可以为可再生能源提供一个有保证的市场，有效促进了英国可再生能源的发展。

2002 年英国实施《可再生能源义务法令》，规定施行可再生能源配额制，实行可再生能源义务证书（ROCs）交易制度，以法令形式具体规定了合格的可再生能源电力的范围和指标要求。该法令的实施使得英国可再生能源电力水平得到了显著提高。

为解决《可再生能源义务法令 2002》执行过程中的若干问题，英国政府分别于 2005 年和 2006 年颁布了《可再生能源义务令 2005》和《2006 年能源报告》，宣布了对可再生能源义务的长期支持计划。

2003 年 5 月，英国政府修改《可再生能源义务法令》，其主要内容为可再生能源义务将延续到 2023 年，根据各种技术的发展和成本推出不同的可再生能源义务证书，以刺激新技术的发展，这一新制度将于 2013 年开始实施。此外，还提出波浪能和潮汐能等新兴技术将从资本补助和其他政策中获得支持，新能源技术研究所和环境改革基金将为其提供基金支持。

英国政府和苏格兰地方政府基于《可再生能源义务法》条例正在协商，计划增加适用于波浪能和潮汐能发电的鼓励机制，两级政府均计划以 5ROC/兆瓦时调整波浪能和潮流能发电鼓励机制。

为了不影响捕鱼权和航海权在内的其他公共权利（Todd，2012），协调好可再生能源产业发展与其他产业发展之间的关系，英国出台了包括《爱尔兰海自然资源保护的海洋空间规划》（2004）、《苏格兰海洋可持续环境行动方案》（2005）、《苏格兰海：为了更好地了解其状态》（2008）、《海洋和沿海进入法案》（2009）、《海洋（苏格兰）法案》（2010）等一系列海洋空间规划法案，加强对海域管理。

3. 市场激励

2000年，英国政府制定并颁布了《可再生能源义务法令》明确规定供电商在所销售的电力中，必须有一定比例来自可再生能源，该比例由政府每年根据可再生能源的发展目标和市场情况等来确定。如果不能完成任务，供电商将要缴纳最高达其营业额10%的罚款。

同时，英国建立了配套的可再生能源电力交易制度和市场，每1兆瓦合格的可再生能源电力作为一个计量单位（称为一个ROC）可以在市场上进行交易，通过英国的电力监管局来监督管理。由于英国的供电和发电系统已经在1990年成功地实现了私有化，因此，所有供电商为了达到当年规定的可再生能源电力份额，既可以从可再生能源发电企业购买合格电力并获得配额（ROC）证书，也可从电力监管局直接购买配额（ROC）证书。

从2008年开始，英国政府改变之前开发者自己将风电连接到陆地电网中的做法，要求每个区域提供更加协调的输电系统，实行可再生能源配额制，提出2011年可再生能源电力销售占电力运营商销售总量的强制份额为12.4%。对提供长距离电力运送的电力和工程企业发放许可证，并要求英国国家电网公司将其传送范围拓宽至整个海洋系统，电网实行24小时不间断服务。

英国政府计划引进5ROC制度用于波浪能和潮流能，到2013年实现布放30兆瓦的目标，最新修订的《可再生能源义务法令》针对2013—2013年装置布放而设置。2013年以后通过“实施强制上网电价，签订差价支持机制合约”继续支持海洋技术的发展，这是英国电力市场改革的组成部分，为投资者提供了更清晰、更长远的未来。

4. 资金支持

2008年，爱尔兰提供2600万英镑支持海洋能源研究机构的建设和运作、波能和潮汐能测调试设备的安装、国家风能设备的加固、海洋能所发电的电力采购以及技术研发。

英国征政府设立了总额达5000万英镑的海洋能应用基金，各公司在接受资金资助的同时，也加快了相关设备的商业化进程。

2011年英国能源与气候变化部宣布为海洋能阵列示范项目（MEAD）投资2000万英镑，用于支持波浪能和潮流能装置的示范，该部在之前已经提供了2200万英镑的海洋能试验基金和其他资金支持。

英国技术战略委员会（Technology Strategy Board）与苏格兰企业和英国自然环境研究委员会（NERC）联合投资1000多万英镑，用于开展新的波浪能和潮汐能发电项目。

英国能源技术研究所（ETI）重点投资全系统开发的解决方案以应对长期能源挑战，

宣布通过开展和投资项目设计并示范低成本波浪能转换系统，将波浪能开发利用推向另一个高度。

苏格兰政府通过1800万英镑的海洋能产业化基金支持苏格兰的首个商业化阵列装置的部署。

（二）美国

美国是目前世界上新能源经济发展最快的国家之一，也是一个海洋大国，无论在海洋科技，还是在海洋资源开发方面都保持着领先地位。近年来，随着传统能源价格不断攀升，加上经济危机带来的挑战，美国对可再生能源发展给予了高度重视。美国政府制定了一系列政策支持和引导海洋能产业发展。第一，制定强制性政策，要求各个沿海州加强海洋能开发；第二，通过生产税抵免和加速折旧，鼓励开发者投资；第三，通过电力采购协议，提供融资便利；第四，提供研发创新资金和项目支持。在政策、规划、资金支持和配合下，美国海洋能清洁能源项目发展迅猛，目前已有20多个海洋能项目在建。总的来说，科学、合理的产业发展战略规划引导，与政府财政税收等多个方面的政策支持，使美国的海洋能开发利用走在了世界前列。

1. 国家战略规划

海洋能作为一种储量巨大、开发前景广阔的新能源，可为美国沿海经济带提供一条低碳经济的发展之路。美国电力研究协会研究发现，全美海洋能发电潜力巨大，仅海浪发电就可以生产100亿瓦电力，占美国电力需求的6.5%，而波浪能、海上风能、潮汐发电可以满足全美10%的用电量。据美国能源信息署最近的计划表明，到2030年，美国整个国家电力的20%将由可再生能源提供，其中1/6（大约305亿瓦）主要是通过美国沿海的可再生能源装置来实现。为促进海洋能产业的发展，明确海洋能开发的发展方向和路径，在海洋能发展规划方面，美国政府制定了全面、详细具有可操纵性的发展规划和相适应资金扶持方案。美国分别在2004年和2003年公布了《美国海洋行动计划》和《规划美国今后十年海洋科学事业：海洋研究优先计划和实施战略》，确立大力发展海洋能的基本方针。

2010年4月，美国能源部下属的可再生能源实验室发布了《美国海洋水动力可再生能源技术路线图》，规划未来20年的海洋可再生能源发展目标，主要包含了以下4个组成部分：

（1）愿景描述，提供了到2030年美国海洋能的预期发展目标和图景。

（2）部署策略，为实现愿景所提供的具体方案部署。

（3）商业战略，为实现愿景提供路径，消除技术在商业化过程中的障碍。

（4）技术战略，面向研究开发所面临的问题，为愿景提供技术路径，是该路线图的焦点内容。

该路线图规划了美国海洋能源的开发愿景：到2030年，建立起具有商业可行性的海洋可再生能源产业，与其他可再生能源一起服务国内外市场；促进推动激励政策和资金支持方案，克服开发海洋能源面临的问题；用于商业的海洋能装机容量达到23吉瓦。以此愿景为目标，从部署实施方案、商业战略、技术战略和环境研究等方面阐述了美国未来 20 年海洋可再生能源的发展路径和方案。图 4－4 所示为到 2030 年海洋能的部署方案。

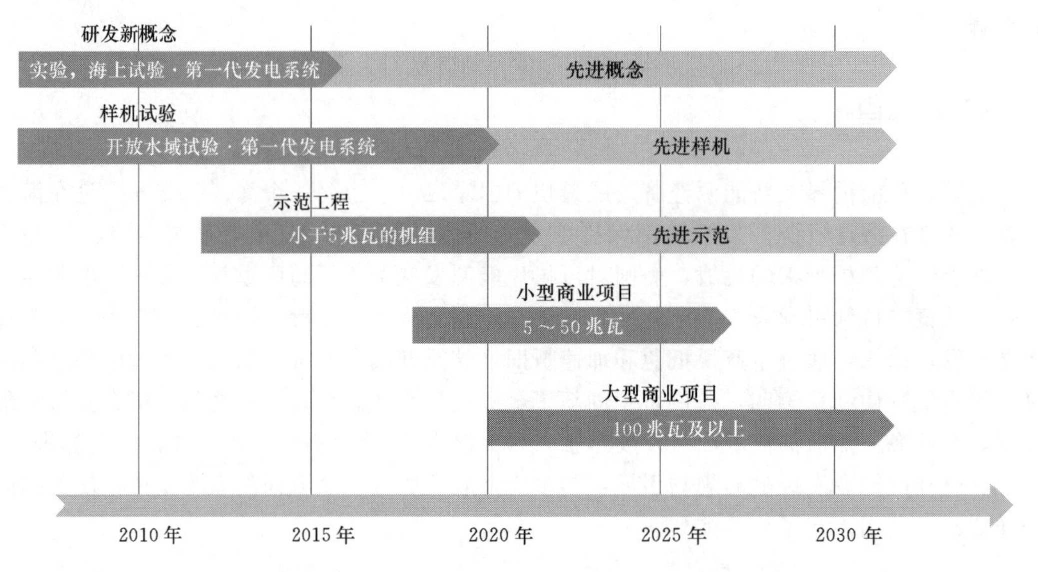

图 4－4　2010—2030 年美国海洋能部署方案

在商业战略、技术战略和环境研究部分，详细阐述了实现该目标的步骤和时间节点，其中技术战略部分细分为波浪设备研发、海流设备研发、使能技术和设备测试等子路线图。该路线图主要关注科学和技术步骤，这些科学技术步骤对于推动新能源技术广泛应用十分重要。该线路图阐明了美国未来重点发展的海洋能，包括波浪能、潮汐能、海流能、海洋热能和渗透能，明确并分析了海洋能开发所面临的主要问题。例如，选址和法律许可障碍、环境研究需求、技术研究开发问题、政策问题等。该路线图为美国海洋能开发提供了短期目标、长期目标以及技术路径的计划。该线路图的实施依赖于商业、技术以及公共部门的密切配合合作。

2. 指令性政策

20 世纪 50 年代，美国就开始对海洋经济建设和开发活动进行科学的规划，并且引入公共参与和监督制度，提高海洋能资源开发项目透明度。美国海洋资源开发、环境保护等职能由国家海洋和大气局行使，其海洋政策法律法规不断完善。1932 年，国会出台通过了《海岸带管理法》，初步确定了海域使用的许可证制度和有偿使用制度。此外为控制海水污染、保护海洋资源环境，美国颁布了多部与此有关的法律，如《海洋保护、研究和自然保护区法》(1932 年)、《海洋法案》(1993 年) 等。

2005 年，美国政府颁布《2005 国家能源政策法案》，这是美国能源长期战略的重要转折点，标志着美国长期以扩大供应为重点的能源政策转向扩大供应与减少需求并重中。为了推动新兴可再生能源的市场化，该法规定到 2013 年美国政府电力消费至少要有 3.5% 的份额源自可再生能源。关于海洋能，《能源政策法案》明确了内务部对海洋能建设工程

的批租权，规定了联邦能源规划委员会为选址阶段的领导机构，确定了海洋能开发相关利用刺激措施，以及海洋能强制购买条款等刺激方案。

2003，美国政府颁布《美国能源独立与安全法案》，提出可再生产业的发展目标。法案中要求美国能源部准备一份关注海洋水动力可再生能源工程的报告，报告需包含海洋功能工程潜在的环境影响，预防负面影响的方案，环境监测及适应性管理对减缓负面影响的潜在作用，以及适应性管理的必要组成等内容，加强了对海洋能的关注。

2009年，美国政府出台《2009美国复苏和再投资法案》，提出通过投资税抵免的办法，鼓励美国本土可再生能源设备制造业的发展。

2009年，美国政府出台《2009美国清洁能源与安全法案》，规定实行可再生能源电量配额制度，即规定了可再生能源发电量必须在电力供应商的销售电量中占到一定的比例，到2020年可再生能源发电量要占到电力需求总量的15%。此外，还提出了一系列促进清洁能源发展、提高能源利用效率的具体措施和财政补贴政策等。

2010年，奥巴马签署了一项行政命令，设立国家海洋委员会并实施海洋政策。

2011年，美国能源管理、监督和执行局重组为两个独立实体——海洋能源管理局和安全与环境执行法局。所有可再生能源管理职能由海洋能管理局负责，并监管国家以经济环保的方式开发近海资源，其关注重点是大陆架外缘的近海可再生能源项目，主要职能包括租赁、计划管理、环境研究、《国家环境政策法》分析、资源评价、经济分析和可再生能源。安全与环境执法局负责执行安全和环境法规，职责包括所有野外操作，包括许可与研究、监察、近海监管项目、环境保护职能等。

3. 市场激励

美国是实行可再生能源发电配额制度较为成功的国家之一。美国2005年《能源政策法案》规定要求电力公司在其生产的总电力中必须有一定比例的电力来自可再生能源，并且这一比例逐年增加，从而确保可再生能源发电能保有稳定并且持续增长的市场份额。

美国政府主要通过清洁可再生能源债券、许可节能债券、可再生电力生产退税、可再生能源生产激励、美国能源部的贷款担保计划和美国财政部的可再生能源补助金等计划进行可再生能源的市场激励。

为了鼓励和推广绿色电力，刺激更多的绿色电力需求，美国各州的电力公司开展了绿色电价、固定费用制、绿色电力捐赠等公众参与的项目，并取得了一定的成效。2009年，680家电力公司拥有的绿色电价客户同比增长6%。在全国1.43亿电力消费者中参与绿色电价项目的消费者数量高达112.38万人，实现连续第三年增加。

美国可再生能源发展的激励政策主要有两项：第一项是生产税抵免；第二项是对资本设备加速折旧的补助。通常情况下，资本设备的折旧时间为20年。为了促进海洋能的发展，近岸涡轮机的持有人可以采用5年时间对投资设备加速折旧。这意味着投资人从刚开始的2年内就能扣除超过一半的投资，在5年内就可以将其全部扣除。

在美国，对可再生能源设施的拥有者的政策支持主要体现在电力采购协议（Power Purchase Agreement，PPA）。该协议是电力销售者和电力生产者之间的长期契约，明确规定电力生产的一部分收入必须确保用来还贷。

4. 资金支持

为了促进可再生能源的发展，美国政府专门设立了基金，主要的基金有美国能源部部落能源基金、财政部可再生能源基金以及农业部美国农村能源基金。为了更好地促进美国海洋能的发展，美国政府规定了一种公共效益基金制度，该基金是按照零售电力价格的1%～3%直接提取，也包括部分企业的专门捐款。该项公共效益基金主要是为了鼓励可再生能源研发、奖励可再生能源设备安置，以及为可再生能源开发企业提供贷款，以帮助那些无法通过市场竞争达到融资目的可再生能源项目。

关于海洋能的资金，美国能源部（DoE）的水能项目组（The Water Power Program）主导了美国海洋能的发展，并为此制定了清晰、自由、多渠道的促进机制。该组织建立了一项名为小企业创新研究（SBIR）和小企业技术转移（STTR）的扶持基金，为海洋能的研发和工程建设提供资金支持。其中拥有大额研发预算的联邦机构预留一小部分资金用于小企业之间的竞争发展，获得项目资助的小企业有技术研发权力，并得到鼓励从事技术的商业化。2011 年，美国能源部 SBIR/STTR 计划将第一阶段先进水力发电技术开发基金给予 Oscilla Power 公司，第二阶段的 3 个 MHK 项目已进入第二年，继续开展海洋和流体动力的分析、设计和商业化工作。

此外，为了推进产业化进程，美国还为 500 名雇员以下的海洋水力能公司提供资金支持，以加速其科技成果的转化。

（三）加拿大

加拿大的海浪、潮汐和河流是巨大的能源来源，可产生持续、无污染排放的电力，并能产生短期和长期的经济利益。加拿大建立了世界上第一个 2 兆瓦级的潮汐发电站，其海洋能在加拿大乃至全世界电力需求市场中都具有很强的竞争力和潜力。加拿大潮汐能蕴藏潜力最大的地点是新斯科舍省的芬地湾，其最大潮差达 18 米，预计总蕴藏量约达 3 万兆瓦，一些加拿大公司正在开发潮流发电机。另外，加拿大沿岸港湾、潟湖众多，其波浪能和温差能的开发潜力也十分巨大。加拿大应专注于海洋能领域技术和解决方案的积累，加快海洋能商业化供应链的组件，促使加拿大的技术和经验广泛应用于世界各地。

1. 国家战略规划

2011 年 11 月，加拿大海洋能组织（Ocean Renewable Energy Group，OREG）发布《加拿大海洋可再生能源技术路线图》，旨在加强产业界、学术界和政府间的合作，促进科技、技能以及相关经验的发展，建立并保持加拿大在国家海洋能源技术的领先地位，从而使加拿大海洋能源从国内和国际市场获得最大收益。路线图提出了 3 个方向、5 个关键促进条件和 6 条技术途径，并指出应重视实践和经验积累。

加拿大为实现在波浪、潮汐、河流中的能量转换系统和技术在国际贸易中的领袖地位，加拿大将从三个方面加强国内技术和国际贸易：①海洋能的发电产业容量目标为

2016年前达到35兆瓦，2020年达到250兆瓦，2030年达到2000兆瓦——并带来年收益2亿美元的经济效益；②在全球海洋能技术解决和服务项目中维持领先地位，如评估、设计、安装和运行项目以及相关增值产品和服务市场占有率2020年达到30%，2030年达到50%；③到2020年成为世界上集成化、水电转换系统领域的最强开发商。

为实现“加拿大优势”的这3个目标，该路线图设置了6条技术途径来降低成本和风险、增强系统可靠性、扩大加拿大经验的推广和影响力，通过路线图项目定义的六条技术发展途径，反映了加拿大的优势，每一途径体现了为实现加拿大在短期（2011—2015年）、中期（2016—2020年）和长期（2021—2030年）目标期优先行动的技术能力、科技以及改进型研发的重要方面。6条技术途径在大多数情况下相辅相成，并同时最大影响到加拿大海洋能项目的发展（表4-1）。

表4-1　加拿大6条技术途径及相关优先行动

技术途径	优先行动
利用加拿大公共基础设施	(1) 支持河流水能和波浪能测试，继续支持潮汐水能研究。 (2) 开发配套技术及服务公司。 (3) 促进发展全球标准
定义海洋解决方案以满足实际需求	(1) 满足电力系统的需求。 (2) 发展可靠的预测模型。 (3) 促进应用企业和开发人员间的沟通
确保加拿大在河流水能技术上的优势	(1) 支持并完善河流水能电力系统解决方案。 (2) 发展并论证河流水能电力系统运行和管理的经验。 (3) 继续发展河流水能现场评估专业技术
发展关键技术部件	(1) 促进加拿大科技的发展。 (2) 确定什么应由加拿大制造以及应该购买什么。 (3) 建立一个为加拿大海洋能项目信息共享的环境
从其他行业学习技能和经验	(1) 从事海洋能项目的相关行业。 (2) 为技术和经验交流创造机会。 (3) 与行业部门进行战略区域环境评估。 (4) 为海洋能职员的发展建立专门技术的区域中心
项目设计指导方针的开发和设置	(1) 行业间参与以鼓励发展标准的作业程序。 (2) 开发加拿大的监控系统。 (3) 通过示范项目了解经验教训

为实现路线图各个阶段、各个途径的目标，路线图提出了五个关键促进条件：①建立并发展产业技术孵化器，促进研究技术和技术经验迅速转换为经济成果；②加强创新，尤其在深海连接器、深海地质分析、操作维护平台、监控设备系统、系泊设备和操作方法中的关键技术创新；③促进交叉领域的技术与技能转化，充分借鉴现有的技术、知识和技能，将传统水电技术、海洋石油开采、环境监测、电力技术、水电一体化、产业供应链等方面的技术和经验应用于海洋能领域；④加强工程、采购和建设的能力，建立海洋能领域

的标准作业程序；⑤巩固和发展加拿大的市场地位，以国内带动国际，强化系统解决方案，挖掘加拿大在国际市场的需求。路线图还就各个因子实施的基本原则、具体措施和预期成果做了具体分解和阐释。加拿大的新斯科舍省正在制定的潮流能战略中提出，到2015年实现65兆瓦、2025年实现300兆瓦的目标。魁北克省政府在2011年实施的Nord计划是一项经济发展战略，该计划提出主要的电力发展目标是实现200兆瓦的水动力学发电，不包括风力发电和水力发电。

2. 指令性政策

加拿大是世界上第一个具有综合性海洋管理立法的国家，海洋管理体制相对集中。1993年1月，《加拿大海洋法》正式实施，为加拿大建立了综合海岸带及海洋管理的现代法律框架；2002年加拿大依据此法制定了《加拿大海洋战略》；2005年加拿大实施《海洋行动计划》，改革政府管理海洋的方法和途径。

在加拿大，各省政府对其境内的电站及设施的开发和管理具有专属管辖权，因此有关海洋能发电的相关决策也主要由各省独自决定。目前，许多省份正在制定地方性海洋能开发的综合政策和法律规范：2009年5月，安大略省通过了《绿色能源法》，使安省经济转变用能方式，提高了可再生能源的利用比例；新斯科舍省颁布了《近海可再生能源装置预商业化示范阶段指导方针》，正在制定海洋能法律框架；不列颠哥伦比亚省的《清洁能源法案》于2012年发布，尽管该政策的实施可能会被推迟，但依然坚持上网电价政策；不列颠哥伦比亚省针对海洋能项目颁布了一项临时政策指令和土地工作政策。

当然，许多可再生能源项目并不处于地方政府管辖范围，而是处于联邦管辖海域内，此时联邦政府就要制定海洋能开发的相关政策。2011年，加拿大政府启动总额为400万加元的海洋能授权计划，由加拿大资源部制定联邦近海海洋能活动管理政策框架。地方政府和联邦政府的持续合作，有助于制定出高校而有效的海洋可再生能源开发管理规章制度。

3. 市场激励

2011年，新斯科舍省推出了基于社区的强制上网电价计划，以鼓励地方政府、合作组织、大学、公司及非营利组织从事可再生能源开发。在该计划支持下，新斯科舍省将允许地方将小比尺潮流能阵列并网发电，给予其长达20年的65.2加元/千瓦时的上网电价支持。

不列颠哥伦比亚省2012年发布的《清洁能源法案》将对包括波浪能、潮流能在内的6种新兴能源实施强制上网电价政策。

4. 资金支持

加拿大政府制定了包括税收政策、项目支持政策等大量的相关政策。例如，资助相关设备的研发和改进，以提高海洋能利用率。2007年，加拿大政府宣布了“生态能源可再生发展计划”，未来4年加拿大政府计划投资14.8亿加元，发展为期10年的促进风能、

生物质能、小型水利和海洋能激励计划。过去5年，在联邦政府和省政府的支持下，加拿大共投资约7500万加元来鼓励海洋可再生能源的开发项目。

迄今为止，加拿大支持新能源研发和示范的主要公共财政支持包括清洁能源基金、能源研发计划和能源创新计划，都是由加拿大自然资源部的能源研发办公室所管理。虽然目前没有海洋能专项计划，但估计目前这些计划对海洋能研发和示范的投资已经超过2800万加元。此外，加拿大政府创建的独立基金会——加拿大可持续发展技术基金会，承诺投资约2000万加元用于潮流能、波浪能和低水头水力发电技术的研发和示范。

加拿大的新斯科舍省直接投资了芬迪湾海洋能研究中心（FORCE）的项目，并通过近岸能源环境研究联盟支持了战略环境评价，并为22个海洋能战略研究项目提供了三分之二的经费支持（约为800万加元）。此外，新斯科舍、魁北克、安大略以及不列颠哥伦比亚的省级经济发展部门和相关基金提供了1000多万加元的项目经费。

在财务制度上，对用于海洋能的设备，提供设备支出的销账比率，允许扣除符合此类条件的纳税者每年30%的设备费用。与海洋能相关的研发机构，在其设立和运行过程中也享有税收优惠。此外，加拿大政府还提倡金融机构对海洋能项目提供资金支持。

（四）日本

作为一个岛国，日本具备利用各种海洋能资源的先天优势，包括波浪能、潮汐能、潮流能、温差能等能源。近年来，海洋能开始受到越来越多的关注，日本政府和民间产业界充分利用本国的地理环境条件，用自己的智慧大力开发和利用海洋新能源。目前日本已经开展了各类海洋能系统研发项目，但大部分尚处于试验阶段，需要进一步实施举措来加快海洋能系统的产业化进程。

1. 国家战略规划

2011年，日本政府设立了“海洋能技术研发”计划，计划总预算约为38亿日元，实施周期为2011—2015年，旨在推进日本海洋能研究计划的快速发展。

2011年，在经济贸易和工业省的支持下，日本新能源产业技术综合开发机构设立了综合为10亿元的研发计划，以促进海洋能开发装置的实际应用和商业化进程，特别是波浪能、潮流能以及温差能装置。此外该计划还支持海洋能基础理论研究。

日本环境省于2012年9月公布了在2030年之前使可再生能源发电比例占3成时的目标值。该值是以技术开发加速为前提估算得出的。海上风力为800万千瓦，波力及潮流为150万千瓦。

2014年日本通过新的《能源基本计划》给出了“2020年达到1414亿千瓦时，2030年达到2140亿千瓦时”（含水力）的目标参考值。

2. 指令性政策

2003年4月，日本参议院通过了《海洋基本法》和《海洋构筑物安全水域设定法》，并于同年3月开始实施，创设了综合海洋政策研究本部，标志着日本综合规范海洋问题的法规已经形成。根据《海洋基本法》的规定，政府的职责是：全面、有计划地实施海洋政策，制定海洋基本计划，负责开发专属经济区和保卫日本海域的安全，任命海洋政策担当大臣，在内阁府新设以首相为本部长的综合海洋政策本部等。

为促使政府推行长期的海洋政策，法案还要求日本政府制订《海洋基本计划》，每5年修订一次。

2008年3月，根据《海洋基本法》，日本内阁批准了《海洋基本计划》，要求重点开展各类海洋能的可行性研究、技术性能及经济性能提升，指出人类在开发利用海洋能源时应协调与海洋的关系。

日本政府于4月11日通过了新的《能源基本计划》，提出从2013年开始的3年左右时间里，要最大限度地加快导入可再生能源的速度，之后也要积极推进。为此日本政府将强化系统、合理化规制、并开展低成本化研究工作。将成立可再生能源的相关阁僚会议，在强化政府指挥作用的同时，促进相关省厅之间的合作。通过这些举措，力争设置比过去的能源基本计划更高的目标，将其作为研究能源结构时的参考。

（五）韩国

韩国地处朝鲜半岛南部，西、南、东三面环海，其海岸线长达11542千米，大陆海岸线为6228千米，占全部海岸线的一半以上。海洋开发在韩国发展战略中占有重要地位。2011年，装机容量为254兆瓦的韩国始华潮汐能电站的建成投产，标志着韩国在海洋能开发利用上的显著进展。其他海洋能开发利用活动以及投资预算也在不断增长。

1. 国家战略规划

2000年5月，韩国发表了国家海洋战略计划《21世纪的海洋韩国》，提出21世纪“通过蓝色革命增强国家海洋权益”，设有分别由100个具体计划组成的多组特定目标。2010年正式启动海洋能源开发，预计到2030年利用潮汐、海水温差等的发电容量达到264万千瓦。

韩国在2004年3月制定的《海洋科学技术开发计划》中就明确提出了利用潮汐能发电的项目，几年时间内便取得了实质性的成果。

韩国与2008年和2009年分别发布了《新能源及海洋可再生能源研发及示范战略2030》以及《海洋能研发行动计划进展》，给出了韩国海洋能战略研究报告和海洋能发展线路图。路线指出，在海洋能战略发展目标方面主要分为3个阶段：到2012年为第一阶段，海洋能技术的研发及示范主要由政府资助，主要方向为适合沿海地区的海洋能关键技术；2013—2020年为第二阶段，相关实业公司将在投资及技术研发与示范工程上发挥重要作用，技术方向将向适合开发远海的海洋能资源发展；从2021—2030年为第三阶段，相关实业公司将引领海洋能商业开发，多种海洋能资源的综合利用技术将逐步兴起。

到2030年，韩国新能源以及可再生能源将满足国家总能源需求的11%，其中海洋能

将占新能源以及可再生能源总量的4.3%。

2. 指令性政策

韩国从20世纪80年代开始重视发展新能源，1983年韩国国会就制定了《新能源和可再生能源发展促进法》，接着韩国政府又根据该法制定了《新能源和可再生能源技术发展基本纲要》，提出了未来10年技术发展的重点和目标。

为了促进推广工作，2005年韩国还制定了《新能源和可再生能源开发、使用和传播促进法》。

3. 市场激励

韩国的强制上网电价政策建立于2002年。海洋能的上网电价主要针对潮汐能，最初的海洋能上网电价适用始于装机容量达50兆瓦以上的始华潮汐能电站。

韩国政府宣布可再生能源配额制将于2012年面向实业公司实行，2012年可再生能源发电量占比达到2%，2020年韩国国内发电量的10%由可再生能源提供，其中海洋能源占4.3%，以激励海洋能开发。

为了鼓励新能源发电的发展，韩国于2002年制定了新能源和可再生能源电网馈入标准价格，对太阳能电池、风力、水力、垃圾能、生物能、海洋能产生的电能给出不同的标准价格。2006年又重新对馈入标准价格进行了调整，加快了新能源和可再生能源发电的发展。

为了促进新能源和可再生能源的快速发展，韩国制定了补贴、优惠贷款、税收优惠等一系列相关的经济激励政策。补贴主要有以下两种：①对于经过论证具有市场潜力的示范项目，政府补贴最高可达安装费用的80%；②对于已经进入商业化阶段的项目，政府补贴最高可达安装费用的60%。为了促进新能源和可再生能源的产业化，韩国还制定了“贷款和税收激励计划”，向制造商和消费者提供长期低息贷款。装置贷款主要面向安装新能源和可再生能源装置的消费者，经营贷款主要面向制造商。贷款最高可达总投资的90%（大公司最高为80%）。另外，还有10%左右的投资可以从所得税或公司税中减除。据统计，2002年贷款额只有1698万美元，2003年已增加到1.2134亿美元。

4. 资金支持

在《21世纪的海洋韩国》中提出：到2010年，韩国对海洋和水产的研究开发投资预算增加到国家总研究开发预算的10%，达到发达国家的水平。实施“韩国海洋资助计划”，资助产业界、学术界和研究机构间的联合研究开发活动。

由于海洋能技术成熟度尚未达到商业化应用，限制了韩国公共资金对海洋能开发利用技术研发及示范的投入。韩国目前由国土、运输和海洋事务部和知识经济部负责促进海洋能开发利用技术研发及示范，国土、运输和海洋事务部通过《实用性海洋能科技发展计划》支持开展海洋能示范工程项目的建设，知识经济部通过《新能源及可再生能源技术发展计划》支持海洋能基础性技术研发。

二、国外海洋能政策对我国的启示

（一）制定系统、科学的海洋能发展战略和规划

从国外经验来看，欧美等地区的国家都高度重视海洋能的发展规划，由自发的技术研究到系统的商业性开发，逐渐形成了系统、全面的海洋能发展规划，建立了较为完善的短期和长期相结合的发展战略规划，制定了海洋能发展的详细目标和实施步骤，明确了海洋能产业的发展路线，以加强政府规划对海洋能产业发展的指引作用。例如，英国的《海洋能源行动计划》、欧洲的《海洋可再生能源》、美国的《美国海洋水动力可再生能源技术路线图》、加拿大的《海洋可再生能源技术路线图》等。我国缺乏海洋能开发利用的国家总体规划，难以有效协调有关涉海能源的各级各类规划的关系，缺乏明确我国海洋能源开发布局、重点、技术和政策的海洋能发展线路图。应该制定海洋能中长期发展战略目标，严格地规划、有效地引导海洋能产业的发展，科学统筹、合理布局，保证其长远、健康、有序发展。

（二）进一步完善相关的法律法规，提高其可操作性

国外的海洋能法律法规相对而言比较详尽。例如，美国的《能源政策法案》确定了内务部对海洋能建设工程的批租权，规定了联邦能源规划委员会为选址阶段的领导机构，确定了海洋能开发相关利用刺激措施，以及海洋能强制购买条款等刺激方案；英国的《非化石燃料公约》和《可再生能源义务法令》规定了海洋能发电的利用和政策支持。我国有关海洋能开发利用的法律法规体系尚未建立起来，现有法律法规都是一些尝试性规定，没有关于海洋能的特别规定，《可再生能源法》中的海洋能的法律条款十分有限且缺乏实际操作性，难以对海洋能开发利用的活动进行有效规范。需要修改和完善现有的法律法规，增加细则支持，增强可操作性，真正为海洋能的开发利用提供坚实的法律基础和保障。

（三）建立统一、协调的海洋能管理机构，合理规划产业发展

国外海洋能产业的发展表明，要发展海洋能产业，就必须有对应的管理机构，在海洋能开发利用项目中坚持综合管理的理念。各国均成立了专门的管理部门来统筹海洋能的开发和利用，承担协调、监督和审批等职能。部分国家建立了高层次协调机制，以强化对海洋事务的综合协调。例如，美国设立由总统直接领导的国家海洋委员会；澳大利亚成立了国家海洋部长委员会。部分国家建立权威性较高的政府海洋管理机构，对海洋事务进行统一管理。例如，韩国于1996年8月成立了海洋水产部，整合了原来分散在13个涉海部门的海洋业务职能和机构；日本设立了首相领导下的海洋政策本部，新设海洋政策担当大臣；英国等欧洲国家也都在开展海洋综合管理体制改革。目前，我国海洋能开发管理处于国家多职能部门分割管理状态，以地方行政部门和行业管理部门交叉管理为特征，还没有

达到综合管理的要求。部门、行业之间配合协调笑效率低，制约了海洋能的研发和商业化、产业化运作。由于海洋可能产业发展牵涉的部门众多，因此必须在结合我国海洋资源和海洋管理体制的基础上，探索海洋能开发利用综合管理新路子，为海洋能产业发展建立良好的制度环境。

（四）建立市场激励机制，通过经济激励政策为海洋能发展提供支持

国际上很多国家通过出台激励政策和加大支持力度，促进海洋能开发利用的产业化进程，例如，调整上网电价、提供电力入网补贴以及出台鼓励性税收政策等。英国采用可再生能源义务证书制度，奖励给海洋能技术发电厂可交易证；苏格兰政府设立了“蓝十字奖”，为首个在两年内累计连续发电量达100吉瓦时的装置研发者提供奖励；葡萄牙和爱尔兰采用返税（为特定技术发电提供补贴）的“市场拉动”机制。而我国在这些方面的政策制定上有所欠缺，在我国海洋能产业发展初期，政府应该从电价优惠、补贴优惠、税收优惠等多个角度支持该产业的发展。大力发展海洋能需要从有效供给和突破需求约束两方面入手，结合国外的实践经验和我国的发展现状，实行配额制和税收改革，可以保障海洋可再生能源的有效供给和市场吸收，我国海洋能产业健康发展提供基础性保障。

（五）加大专项资金的投入力度，鼓励和支持技术研发

各个国家为了支持海洋能产业的发展，都设立了专门的基金和奖励制度来鼓励海洋能技术的研发，由政府引导和提供技术支持，促进公共技术研发，推动海洋能技术进步。例如，美国的小企业创新研究（SBIR）和小企业技术转移（STTR）基金、英国的海洋能检验基金、新西兰的海洋能基金、澳大利亚的风险投资资金等。很多国家都十分重视海洋能研究开发，建立专门的研发机构。例如，欧洲海洋能中心在英国建立的海洋能试验场、美国设立的海洋技术署和海洋信息管理委员会、日本的海洋热温差能发电研究所等。我国应加大资金投入，支持海洋能转化为实用能的关键技术研发、技术引进、技术合作项目，还要促进海洋能电力安全并网的技术攻关，精选示范工程，加大资金投入。

第五章　海洋能政策体系框架总体设计

海洋能政策体系框架是我国海洋能产业管理的最高纲要，涵盖了海洋能的基础产业建设、海洋能发电应用、海洋能行业管理、海洋能产业技术规范、法律法规等，具体包括海洋能科技政策、激励政策、管理政策、产业政策多方面内容。设计海洋能政策体系框架，需有广阔的国际视野，关注国际先进的技术与创新信息，深刻地分析国内海洋能政策现状及存在的问题、可再生能源政策现状，分析国外海洋能政策发展经验等，在总结的基础上，权衡利弊、突出重点、统筹规划、全盘布局。

本书从第二章开始梳理了我国可再生能源方面的相关政策现状，分析了现有政策存在的问题，同时借鉴了海洋能产业发展较好的国家的海洋能发展政策，如英国、美国、加拿大、日本、韩国等，从中吸取成功经验为制定我国海洋能政策体系框架提供思路。海洋能政策体系的制定应从政策制定的指导思想、遵循的基本原则、海洋能产业发展的阶段目标、具体的发展路线入手，综合海洋能与各相关产业的相互作用，制定一套符合市场经济规律的、适合我国国情的海洋能发展政策体系。

一、指导思想

坚持以创新发展和科学发展为指导，必须把创新发展摆到国家发展全局的位置，必须牢固树立创新、协调、绿色、共享的发展理念，以《可再生能源法》为依据，以政府为主导，以企业为主体，推进科技进步，创新体制机制，健全产业体系，完善支持政策，推动海洋能规模化、产业化发展，培育可再生能源新兴产业。

二、影响因素

政策体系的制定过程中会遇到各种各样的问题，因此在制定海洋能政策体系时需综合考虑各方面因素，主要包括海洋能及能源本身的特性、与其他能源之间的关系、与社会经济之间的关系、与生态环境之间的相互作用、当今的国际背景以及金融政策。

（一）海洋能及能源本身的特性

海洋能是指海洋中所蕴藏的和由于海洋特殊环境背景而产生的可再生的自然能源，主要为潮汐能、波浪能、潮流能、温差能、盐差能、海洋生物质能以及离岸风能等。从“大海洋能”观出发，海洋能也包含埋藏在深海的石油、天然气、可燃冰等能源。作为一种储量大、可再生的清洁能源，自 20 世纪 30 年代起，海洋能受到了沿海各国的广泛关注。进

入 21 世纪以来，面对石油、煤炭等化石能源的日益匮乏和节能减排、应对全球气候变化的巨大压力，国际社会形成新的共识，即“哪个国家在清洁能源技术中领先，哪个国家就将引领 21 世纪的全球经济”。各国再次将目光投向海洋能，高度重视开发利用海洋能在未来能源领域中的战略地位。

海洋能的开发利用可有效缓解东部沿海，特别是海岛地区的能源紧缺问题，对于优化我国能源结构、促进清洁能源开发、应对气候变化、发展低碳经济等具有战略意义。

（二）与其他能源之间的关系

美国国家情报委员会在《2025 年全球趋势报告》中指出，目前所有新能源技术都不能在所需规模上取代传统能源。从长远角度来看，可再生能源取代传统化石能源是一项艰巨的任务，一朝一夕难以实现。因此在当前我国向低碳经济转型之际，要采取传统能源与新能源“双管齐下”的发展方式，既要重视可再生能源的重要战略意义，加强可再生能源发展的扶持与投入，又不能过分夸大可再生能源发展的迫切性，不计成本地上马项目，要根据科技情景和实力，切合实际、综合全面地发展新能源。

海洋能起步较晚，还是新生幼芽阶段，需要特别呵护，特别需要国家政策支持。由于风能、太阳能等可再生能源的大力发展，海洋能产业化的实施将影响其他可再生能源在我国能源发展中的地位和实施情况，需要协调好各种可再生能源的发展情况和支持力度，促进各种可再生能源产业的共同发展，实现经济社会的可持续发展。在政策方面，海洋能产业的发展可以借鉴其他可再生能源政策的成功经验，在制定相关政策时参考其他可再生能源政策。同时，对于其他可再生能源政策中所暴露出的问题，也要给予关注，避免重蹈覆辙。

（三）和社会经济之间的关系

我国沿海省（自治区、直辖市）年国内生产总值占全国 30%左右，但能源资源占全国比例不足 20%。根据国家的发展规划和长远目标，我国东部沿海地区要率先实现全面小康社会，能源瓶颈已经成为制约沿海地区持续快速发展的重要问题。开发海洋能将为沿海经济发达地区进一步发展提供必要的能源供给，将成为缓解我国沿海地区电力供应紧张的有效途径，为该地区的经济繁荣和社会稳定提供保障。并且，开发海洋能是解决海岛居民生活用电的可行措施以及有效措施，只有解决居民用电问题才能实现沿海及海岛地区农村的经济发展。此外，海洋能产业的发展将带动相关的设备制造、工程安装、运营维护、智能电网等上下游产业的发展，创造良好的经济效益和社会效益，对于贯彻落实国家促进经济结构转型、实现经济增长方式转变战略具有重要的现实意义。

在海洋能开发利用的过程中，社会经济影响的评价十分重要，据此评价海洋能开发效益，全面评估开发方案，综合考虑海洋能产业的经济效益和社会效益，才能制定科学的海洋能发展战略和相关政策，合理地开发和利用海洋能。

（四）与生态环境之间的相互作用

能源与环境保护息息相关，能源的发展不能忽视生态环境保护。传统能源的开发利用引起了严重的生态环境问题，海洋能的开发利用将调整传统的能源结构，缓解环境问题，为节能减排发挥重要的作用。但与此同时，在海洋能的开发利用过程中也会存在一些潜在的环境问题，将会对海洋生态环境产生一定的影响。海洋环境与陆上不同，一旦被污染，即使采取措施，其危害也难以在短时间内消除。因为治理海域污染比治理陆上污染所花费的时间要长，技术上要复杂，难度要大，投资也高，而且还不易收到良好的效果。

因此，在关注海洋能利用带来的良好的生态环境效益的同时，也需要关注对海洋生态环境的保护。海洋能产业的规划发展必须服从国家海洋发展战略，不能凌驾于国家战略之上，更不能建立在牺牲海洋环境的基础上。在开发利用海洋资源时，应协调与海洋环境的关系。为此，应完善海洋环境保护的相关法律和规范，在技术开发、制定合理计划等方面完善必要的体制。同时，应该高度重视海洋空间规划，加强环境评估，实现环境友好型海洋能产业发展。

（五）当今的国际背景

近年来，国际能源格局正在经历深刻变化，国际能源消费重心向东转移，由于能源地缘政治的原因，呈现出向低碳清洁能源转型、重视非常规能源的特点和趋势。

从绝对意义上讲，后石油时代（world after oil peaks）是指石油作为不可再生能源不可避免地濒临枯竭，已进入一个新能源利用时代，这是不可逆转的大趋势。从相对意义上，由于油价暴跌暴涨、波谲云诡、人类社会科技全面发展提出新需求，同时新能源技术的进步，导致石油的综合使用效益较其他能源丧失优势，石油在能源构成中的主导地位发生根本性变化，以石油为驱动力的经济形态不再代表人类社会发展的方向。从绝对意义上，是指石油作为不可再生能源不可避免地濒临枯竭，难以为继，进入了一个新能源利用时代。后石油时代表现为：①更加激烈地争夺石油资源，进而引发地区冲突不断；②加紧抢占新能源技术制高点。

海洋能是一种蕴藏在海洋中的重要的可再生清洁能源，具有清洁、无污染、储量大、可再生等特点。另外，石油、天然气、可燃冰等资源储量巨大。海洋能开发利用具有高风险、高投入、高技术的特征。因此在未来的能源争夺中应重点注意战略布局、整体规划、技术装备、人才培养等诸多问题，同时也应加强国际间的合作，推进海洋能资源的开发利用。

（六）金融政策

海洋能与其他可再生能源如太阳能、风能、生物质能相比，具有开发难度大、技术要

求高、资金密集等特点，因此，对于海洋能政策体系的制定来说，金融政策的支持尤为重要。金融政策可以从税收优惠、财政补贴、贷款、政府采购、电价机制几个方面展开。

三、保障措施

（一）优化海洋能激励政策环境

加大对海洋能开发利用的财政投入，支持示范项目建设。国家海洋行政主管部门会同有关部门研究制定海洋能发电电价政策，提出扶持海洋能发展的财政、金融、税收等方面政策建议，引导、鼓励民间资本投入。扶持海洋能发电工程设计、材料、设备、系统、施工等相关产业发展。

（二）健全海洋能技术创新体系

建立健全多层次技术创新体系，建立和完善国家级海洋能研发试验平台，鼓励企业建设海洋能发电技术研发机构，整合相关科研院所、高等院校的技术力量，开展海洋能基础理论、前沿技术、核心技术、适用技术研究。健全海洋能人才培养和引进机制，重点培训海洋能发电领域高端科技人才和管理人才。

（三）加强海洋能开发利用管理

确立海洋能开发利用在我国近海及海岛地区的优先开发地位，统筹协调海洋能开发利用与其他领域用海的关系。国家海洋行政主管部门会同有关部门完善政策体系，研究制定海洋能发展产业政策。加强海洋能项目管理，促进海洋能开发利用有序协调进行。

（四）建立海洋能技术管理体系

加强海洋能发展规划、项目前期、项目核准、竣工验收、运行监督等环节的技术归口管理，建立海洋能技术和工程规范，加强技术监督以及工程质量管理。支持海洋能利用技术研发和试验示范。积极推动技术服务体系建设，加强技术指导、工程咨询、信息服务等中介机构能力建设。

（五）形成国内外合作交流促进机制

充分利用国外海洋能开发科技资源，加速我国海洋能开发利用的进程。参与国际海洋能领域重大科学计划，与发达海洋国家开展海洋能开发利用技术、设备、管理、工程等方面技术合作，充分发挥中国海洋能发展年会交流平台作用，形成内外结合、相互促进的发展机制。

四、OES 成员国海洋能政策框架简介

2001 年，国际能源署创建海洋能源实施协议（Ocean Energy System，OES），其宗旨是增强海洋能领域的国际性合作与信息交流，使海洋能在未来能够成为重要的替代能源；通过促进海洋能的研究、开发与示范，逐步引导海洋能技术向可持续、高效、可靠、低成本及环境友好的商业化应用发展。中国于 2011 年 4 月加入该组织，截至 2013 年，OES 成员达到 21 个。下面将简要介绍部分 OES 成员在海洋能政策方面的制定与实施情况。

（一）葡萄牙

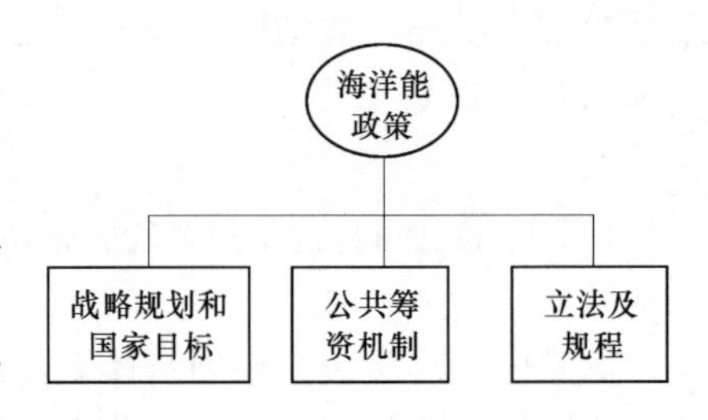

图 5 - 1　葡萄牙海洋能政策框架

如图 5 - 1 所示，葡萄牙的海洋能政策包括战略规划和国家目标、公共筹资机制、立法及规程等内容。在战略规划方面，葡萄牙政府通过委派有资历的公司来管理其海洋能试验场，并开放私人基金注入公司。而在主要公共筹资机制下，主要包含两方面：①创新支持基金，主要为可再生能源，特别是风电技术创新和研发提供经费支持；②科学技术基金是负责持续推动科技知识进步、探索利用科技领域机会的国际级部门。

（二）丹麦

如图 5 - 2 所示，丹麦海洋能政策从以下 5 个方面进行设计。

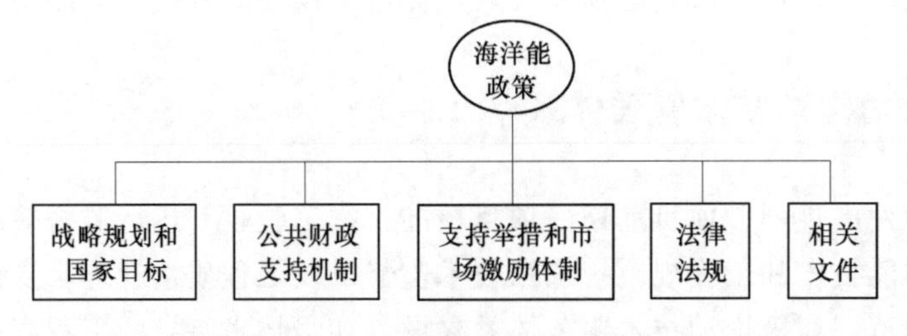

图 5 - 2　丹麦海洋能政策框架

（1）战略及国家目标，2011 年在“丹麦能源技术发展示范项目计划”资助下，丹麦开始制定波浪能发展战略。该项目由奥尔堡大学牵头，联合其他丹麦国内的科研机构合作实施。该项目确定丹麦波浪发电项目的联合开发领域并划分优先顺序。

（2）支持举措和市场激励机制，通过设置相关的资助项目巩固并加强丹麦在近海可再生能源产业和研究中的主导地位；提升近海可再生能源在欧盟委员会第七框架计划中的优先权；通过第七框架计划增加对丹麦近海可再生能源合作伙伴的自主份额。

（3）主要的公共财政支持机制，不同的筹资机制支持者丹麦所有的可再生能源技术领

域，其范围从大学的基础和应用研究到研究开发活动、示范活动以及市场推广，2011 年项目总资助达 1.5 亿欧元。

（4）相关法律法规，通过向能源机构申请，就可以获得在丹麦安装波浪能试验场的许可，如果满足给出的特定条件，就可获批特定站点的测试期限，包括开展环境影响评价。

（5）相关文件，每年提供不同技术领域的情况说明书，包括波浪能以及相关资助项目的总体报告。

（三）英国

英国政府及苏格兰、威尔士和北爱尔兰的地方政府继续合力为波浪能和潮汐能技术的开发和应用提供支持。英国的海洋能政策包含以下 5 个方面的内容：

（1）战略及国家目标。“英国海洋能计划”的重点是提升英国海洋能部门的能力，通过几个重点领域，带动产业部门的发展，进而实现波浪能和潮汐能设备的商业化开发和部署。包括支持所需的小型规模阵列装置，实现早期商业部署；规划和许可问题；知识共享。该国的最新评估报告指出 2020 年后波浪能和潮汐能仍具有巨大的开发潜力，到 2050 年可达 23 吉瓦。

（2）支持举措和市场激励机制。英国政府的市场机制是通过《可再生能源义务令》进行的。2013 年以后，通过实施强制上网电价，签订差价支持机制合约继续支持海洋能技术的发展。

（3）主要的公共财政支持机制。例如英国研究理事会能源计划为广阔技术领域的基本战略和应用研究提供经费；英国能源技术研究所重点投资全系统开发的解决方案以应对长期能源挑战；英国技术战略委员会就具体技术研究需求，支持中等规模的研究和开发项目。

（4）相关立法和法规。例如苏格兰政府指定的《可再生能源义务令（苏格兰）》，威尔士政府的《还殃及沿海管理法》《欧盟汇集基金法》，北爱尔兰的《北爱尔兰海洋法案》。

（5）相关文件。例如苏格兰的《可再生能源义务法磋商联合审查》，威尔士的《威尔士政府能源政策声明：低碳革命》，北爱尔兰的《近岸海区域选址导则》。

五、我国海洋能政策体系框架设计

在综合分析了影响我国海洋能政策体系影响因素以后，本书结合国外海洋能政策体系研究成果，提出我国海洋能政策体系的框架设计，如图 5－3 所示。从战略规划、法律法规、自主创新、技术标准、产业激励、金融政策和管理体系这 7 个方面进行分析。

（一）战略规划

从海洋能发展强国来看，政府必须高度重视海洋能发展规划，建立完善的长期和短期发展规划制定与发布机制，明确海洋能发展路线，以加强政府在海洋能发展中的指导地

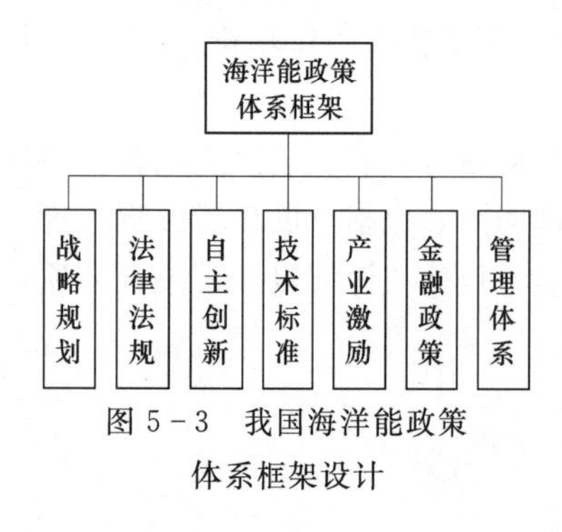

图 5-3 我国海洋能政策体系框架设计

位。我国已有的海洋能发展规划主要包括《国家中长期科学和技术发展规划纲要（2006—2020 年）》《国家“十一五”海洋科学和技术发展规划纲要》《全国海洋经济发展“十二五”规划》等，其内容涵盖了海洋能发展面临的形势和发展现状，指导方针、基本原则和发展目标，以及发展的重要任务等，但是还需在这些方面之上，完善利用规模的量化指标，并进一步形成规划的滚动条整合定期发布机制。制定海洋能发展政策时，应深刻理解海洋能和相关产业的技术现状和发展规律，具体的战略规划主要有以下几方面。

1. 统筹规划

根据海洋能资源条件和沿海经济社会发展的需要，结合海洋能的特点，因地制宜、统筹规划、合理布局，有序发展。

在时间阶段上，近期海洋能为海岛部分居民解决生活和生产用电问题，中期为岛上大部分居民和沿海居民提供生活生产用电，长期为沿海地区提供持续稳定、安全可靠的电力供应，以减少化石能源消耗。

在发展区域上，先易后难，满足急需，即先开发容易开发和资源丰富又急需用电的海域，后开发资源贫瘠和难以开发的区域。

在开发规模上，先小后大，即应采取先小规模示范性项目，通过引进国外先进技术或着力突破重大技术难关，扩大创新范围和效果，再全面推开，为形成沿海沿江沿线经济带的纵向横向经济轴带做贡献。

各地区应结合自身情况，因地制宜，科学发展，以市场为导向，满足各方面的需求为目标。

2. 分步实施

海洋能技术及其产业发展，可实行统一规划和分“三步走”的方针，例如，可以按照表 5-1 所给出的阶段划分，来制定海洋能政策。

表 5-1　海洋能政策“三步走”阶段划分情况

阶段	时　间	方　针
第一步	2016—2020 年 （“十三五”期间）	以政府为主导，产学研相结合，筛选已有技术，优选和培育先进适用技术。 加大对先进适用技术和装备研发的投入，吸收企业早期介入。 通过示范工程，培育适于开发的发电技术、装备、企业及市场，为规模化开发做准备
第二步	2021—2025 年 （“十四五”期间）	以政府政策激励，电价补贴，特许权招标等政策措施为引导。 以市场为主导，以企业为主体，产学研相结合，大力推进海洋能科技成果的转化和产业化，发展能源装备制造业。 初期以有人居住海岛为主体，后普及为沿海居民提供生活生产用电，寻求技术的重大突破，推进海洋能的开发，形成规模效应，产生经济效益
第三步	2026—2035 年	形成规模化的海洋能产业、海洋渔业、旅游业等全方位的海洋能相关产业。 支撑海洋和沿海经济发展和海上国防建设

3. 发展目标

(1) 近期目标。2016—2020年，要在已有海洋能资源普查基础上进行资源勘察工作，制定我国海洋能发展规划，通过专项资金支持，突破关键技术，形成海上示范工程；研究并制定海洋能开发特许权招投标办法、配额制度、优惠电价制度、行业补贴制度等相关制度及配套政策措施；设计并完善海洋能开发公共支撑平台，启动海洋能开发利用综合测试基地建设；清洁能源总装机容量达到60万千瓦。

(2) 中期目标。2021—2025年，强化科技研发和试点示范工程建设，成熟技术要实现大规模、现代化生产，形成产业化；应建成兆瓦级潮汐电站、波浪能、潮流能实用电站；积极推进多能互补独立供电技术和深海温差能的技术研究；推广海岛多能互补电站；实现10万千瓦潮汐、潮流发电及百万千瓦海上风电的并网运行；建设潮流能、波浪能发电装置海上试验场。

(3) 长期目标。2026—2035年，全面推广应用成熟的海洋能利用技术；基本解决有人居住海岛的生活用电和部分生产用电；海洋能并网达到100万千瓦，离岸风电并网1000万千瓦；完成5个温差能海上试验电站的研建；清洁能源总装机容量达到1100万千瓦以上。使海洋能成为主要清浩能源之一和能源供给体系中的重要能源之一，将我国发展成为海洋能开发利用强国。

(4) 最终能够实现的目标。

1) 形成比较完整的海洋能可再生能源与相关产业的技术开发体系和产业化体系，形成规模效益，解决绝大多数有人居住海岛和部分沿海城镇、乡村的清洁能源供应问题，满足沿海经济社会发展的需要。

2) 规范我国海洋能的研究、开发和利用，突破关键技术和核心技术装备的研发瓶颈，提高转换效率，降低生产成本，提高海洋能比重。

3) 形成比较完善的海洋能能源开发和技术装备开发生产体系和服务体系。

4) 通过海洋能示范站的建设，解决沿海和海岛用电问题，启动3～5个万千瓦级潮汐能发电站建设和其他项目建设，形成较大的规模效益。

5) 推动我国海洋能的推广应用，支持海洋经济的可持续发展，并跻身海洋能开发利用世界先进行列。

4. 工作任务

(1) 海岛可再生能源多能互补独立示范电站建设。建设海岛可再生能源多能互补独立示范电站的目的是为了满足海岛居民基本生活、生产以及海水淡化的用电需要，探索我国海岛可再生能源多能互补电力系统建设的模式，积累经验，保护海洋资源和生态环境，为实现社会主义新农村提供基本能源保障。

(2) 海洋能开发利用设备自主创新。海洋能开发利用设备自主创新的指导思想是：着眼未来，针对沿海、岛屿能源需求、进行技术攻关和自主创新，为改善能源结构，保护环境，促进沿海经济发展、海岛脱贫致富，积极开展海洋能技术开发创新，使其产业化，使我国在海洋能开发利用设备上达到和接近国外先进水平。

(3) 海洋能调查评价。结合国家908专项“我国海洋可再生能源调查”，针对海岛海洋可再生能源进行专项调查，准确掌握我国各类海洋能的储量、分布及开发利用和研究现状，提出评价分析报告，并为规划和示范电站的建设提供基础资料。

(4) 海洋能信息系统建设。根据海洋能开发利用工作需要，建设海洋能资源信息数据库，设计运行海洋能开发利用及管理决策业务化体系，为国家和地方海洋能开发利用提供技术保障。信息系统必须具有安全、可靠、可扩展、易维护等特点。

(5) 海洋能发展规划。在对现有资料进行充分调研和局部实地补充调查的基础上，制定国家海洋能发展规划。主要工作内容包括制定“全国海洋可再生能源发展规划”、鼓励海洋能开发利用政策研究、制定海洋能开发利用国家标准和行业标准。

(6) 海洋能本地化设备生产与发电补助。海洋能的开发利用会产生大量的设备需求，因此提高我国技术装备研发水平迫在眉睫；同时，由于海洋能在运营过程中存在成本过高的现实，不利于示范和推广。因此，从国家财政上给予适当的补助，用于海洋能本地化设备生产的财政补贴、税收补贴与独立供电系统发电站的电费补贴及运行费用非常必要。

(二) 法律法规

目前我国海洋能发展方面的法律法规制定工作处于起步到完善阶段，我国目前还没有较为完善的海洋能方面的法律，仅有一些规划以及发展纲要性质的文件。相对于部分发达国家的立法来看，在法律的连续性、稳定性和可操作性方面还有一些差距。为此，我国政府和相关海洋能组织在制定海洋能发展政策体系上，应以现有的海洋能政策为核心，配套行政法规、规章、技术规范、实施细则完备的海洋能政策法规体系，加快推海洋能相关产业等领域的立法。

(三) 自主创新

以市场需求为牵引，以企业为主体，自主创新和引进消化吸收再创新相结合，产学研相结合，积极引进海洋能产业创新人才。以海洋能多能互补电站为重点，发展可再生能源开发利用技术，因地制宜，规模化发展，加强海洋能技术和装备开发，解决有人居住海岛的生产和生活用电，为缓解沿海地区用电紧张的局面提供补充能源。

(四) 技术标准

从海洋发达国家经验来看，在海洋能发展初期，都制定了较为详细的海洋能发电并网技术规范和标准，因此，我国迫切需要制定国家层面的具有强制性的海洋能相关产业技术标准体系。该体系包括清晰完整的海洋能相关产业的检测认证机制、质量管理体系、制造监督和样机试认证体系。加强海洋能发展规划、项目前期、项目核准、竣工验收、运行监督等环节的技术归口管理。积极推动技术服务体系建设，加强技术指导、工程咨询、信息服务等中介机构能力建设。

（五）产业激励

海洋能产业发展的初期，人才培养、技术研发、工程设计、发电并网等各个方面对资金的投入需求都相对较高，需要有利的产业政策引导资本、技术对这方面的投入。政府应制定相关的产业促进政策。对于传统的海洋渔业和生物产业来说，需要充分认识海洋生物资源的脆弱性和多样性，加强对生物多样性和新型生物资源的基础研究，合理保护和开发海洋生物产业；而针对海洋新兴产业，应加大对海洋科技的投入，因为海洋新兴产业的发展十分依赖海洋科技的创新发展，只有先进的海洋科技作为支撑，海洋新兴产业才能蓬勃发展。因此在指定海洋产业政策的同时，应十分注意对海洋科技的投入，主要包括以下几点：

（1）加强政府引导和扶持，依靠政府支持开发、示范推广，以企业、科研单位和高等院校为创新主体，引进创新人才，鼓励科技创新，加大技术研发力度，提高研发成果转化应用水平。

（2）积极引导企业投资，推动海洋能相关装备工程的技术研发和科技创新，加快培育和发展海洋能产业。

（3）制定财税优惠、多元化投资、限制火电消费、实施清洁能源补贴、海洋能装备制造扶持以及保护投资者利益等经济激励政策。

（4）自主创新和引进消化吸收再创新相结合，产学研相结合，以海洋能多能互补电站为重点，规模化发展，加强海洋能技术和装备开发。

（5）建立市场机制，吸引民有资本投入，设立能源创业基金，确保经费投入，减少企业风险。

（六）金融政策

海洋能开发投资高、难度大，资金需求量大，仅靠国家投入犹如杯水车薪。一方面需加大政府投资，另一方面要引入其他资金。国际上成功的经验是引入社会资金共同支持海洋能开发。在明确资源和工程环境条件的基础上，提出长远的发展目标和和稳定的优惠政策，如税收优惠政策、电价补贴政策以及保护投资者利益的相关政策等，鼓励私有和民营等社会资金的注入，支持和促进海洋能的开发和利用。

1. 上网电价

在《可再生能源法》的框架下，我国已经初步建立了支持可再生能源发电的价格政策体系。2003 年以来，国家发改委组织了五期风电特许权招标项目，通过特许权招标形成的价格普遍偏低，一般为 0.38～0.5 元/千瓦时，而不经过特许权招标由地方政府核准的项目价格普遍偏高，一般为 0.5～0.8 元/千瓦时。生物质发电实行政府电价和政府指导价两种形式。政府定价由各省（自治区、直辖市）脱硫燃煤机组标杆上网电价加补贴电价组成，补贴电价标准为 0.25 元/千瓦时，目前生物质能发电项目的平均上网电价约为 0.60

元/千瓦时。2007年，国家发改委核定的内蒙古和上海崇明太阳能发电价格为4元/千瓦时。2009年，太阳能发电项目引入特许权招标，甘肃敦煌太阳能特许权招标电价为1.09元/千瓦时。

2. 政府的资金投入

据《可再生能源法》的要求，财政部将可再生能源发展专项资金列入预算，设立了可再生能源发展专项资金，同时制定了相关的管理办法和项目评审办法，包括《可再生能源发展专项资金管理暂行办法》《可再生能源建筑应用专项资金管理暂行办法》等。政府投资是发展海洋能的关键，如激励、税收、补助、低息贷款、加速折旧、帮助开拓市场等一系列优惠政策。国家要逐步提高可再生能源在国家基本能源构成中的比例，对利用石化性能源的行业开征二氧化碳和二氧化硫排放费，以此来加大对清洁的海洋能的支持。

3. 引导、鼓励民营资本

鼓励资本市场和外商直接投资，积极拓宽海洋能融资渠道。确保投资者看到实实在在的利益及利益获取的稳定性。

（七）管理体系

海洋能的开发利用涉及方方面面，如果没有足够的人力、财力、物力和科技力量，企业和研究机构将会很难介入进来。因此，海洋能开发利用的管理协调机制就显得尤为重要，只有调动和协调好各方的力量，发挥综合优势，才能将我国海洋能开发利用的工作不断推向前进。

第六章　政府在海洋能产业发展中的角色

我国海洋能资源虽十分丰富，但政府和能源部门对海洋能开发利用的认识程度处于起步阶段。海洋能产业为国家新兴产业，是我国能源可持续发展的代表产业，是我国能源行业未来发展的重中之重，对我国经济可持续发展有着不可估量的重要作用。政府应该对海洋能产业的发展引起重视，积极服务和支持海洋能产业，发挥自己的作用，促进海洋能产业的发展。

一、海洋能产业分析

（一）海洋能产业的概念和基本特点

海洋能产业指的是以波浪能、潮汐能、潮流能、温差能、盐差能、海上风能等海洋能资源为依托的新兴能源产业，该产业内所有厂商生产同类或同质商品，相互之间处于既竞争又合作的状态，商品多以论文、专利、著作、发电设备等形式产出，对能源行业发展具有重要的作用，这样一群厂商构成的团体称为海洋能产业。

海洋能产业具有很强的技术创新性和累积性，表现为研发投入在整个生产过程中的比重较高，并且拥有专门的研究部门和研究人员从事创新性的技术研究工作。海洋能产业涉及的企业、机构、人员范围广且构成复杂，因此需要在一个复杂的分工体系中建立其高效的知识共享体系，使得创新能够有效地为整个生产系统所接纳。由于我海洋能产业处于起步阶段，尽快建立起区域性海洋能产业群。

（二）我国海洋能产业发展现状

海洋能产业指的是以波浪能、潮汐能、潮流能、温差能、盐差能、海上风能等海洋能资源为依托的新兴能源产业，对我国能源行业发展具有重要的作用。我国海洋能的开发将带动相关的设备制造、工程安装、运营维护、智能电网等上下游产业发展，创造社会价值和经济价值。我国拥有丰富的海洋能资源，但是海洋能产业在我国发展尚未成熟，没有形成区域性的海洋能产业群，因此政府支持政策在形成地方产业群的竞争优势过程中十分重要，政府应采取财政补贴、国内市场保护等措施，在总结归纳科研机构的最新研究成果基础上，把握海洋能产业发展的方向，以沿海重点省份（山东、江苏和广东等）为核心，打造一批具有市场竞争力的海洋能装备制造企业，推动区域性海洋能产业群的形成。

目前，我国海洋能产业总体上仍处于发展初期，除在海洋风能开发中引入市场机制外，其他海洋能开发技术研究仍需要依靠国家和地方的财政资助。海洋风电产业发展势头良好，预计在今后一个时期内，会成为我国海洋能产业的支柱。但从整体上看，海洋可再生能源技术还不够成熟，产业规模相对较小，海洋可再生能源在我国能源结构中所占的比重很小，在区域电力供给中发挥的作用微不足道，与经济社会发展所需的较大应用量相比还存在着很大的差距。

1. 海洋生物医药学

我国海洋药物系统研究始于20世纪70年代。1997年，国家开始针对海洋生物领域启动海洋高技术计划。之后，一批批海洋生物技术重大项目相继启动，海洋药物的研究与开发取得长足进展。国务院于2003年发布了《全国海洋经济发展规划纲要》，确立了发展海洋经济的指导原则和发展目标，提出将海洋生物医药作为主要发展的海洋产业之一。2005年，随着海洋生物制药技术的日益提高，海洋生物医药产业化进程逐渐加快。2005年，海洋生物医药业总产值48亿元，增加值17亿元，比上年增长15.6%。2006年，我国海洋生物医药产业成长较快，海洋生物医药业总产值94亿元，增加值26亿元，比上年增长15.5%。2007年，海洋生物医药业不断加强新药研制与成果转化，产业化进程逐步加快，全年实现增加值40亿元，比上年增长37.7%。2008年和2009年，海洋生物医药业产值持续上涨，显示出强劲的发展势头。近年来，我国海洋生物医药研究逐步走向规范化，形成了上海、青岛、厦门、广州为中心的4个海洋生物技术和海洋药物研究中心。在沿海省市，从事海洋天然药物研究的机构多达数十家，一批海洋药物研究开发基地分别在中国海洋大学、国家海洋局第一海洋研究所、中国科学院海洋所等单位形成。随着国家生物产业基地落户青岛，青岛市崂山区经过几年的培育和发展，已拥有海洋生物相关企业100余家，海洋生物产业年产值每年在以平均30%的速度增长，已逐渐形成了以黄海制药为龙头、华仁药业和爱德检测等为中坚的梯次发展的企业队伍，迅速形成了以海大兰太等20余个大项目为代表的海洋生物医药产业带。从发展趋势看，海洋功能生物材料的开发利用正快速成长为新的支柱性产业。例如，从海藻、海绵、海鞘中可分离提取抗菌、抗肿瘤、抗癌物质，用于开发海洋药物和生物制剂；运用现代生物工程技术，培养具有特殊用途的超级工业细菌，可用来清除石油等各类污染物；深海生物基因资源的研究与开发，在医药、环保、军事等领域有广阔的应用前景。另外，随着海洋生物技术的发展，中国海洋药物已由技术积累进入产品开发阶段。

2. 海水淡化与综合利用

我国海水资源开发利用技术研究起步于20世纪60年代。几十年来，海水淡化技术、海水直接利用技术和海洋化学资源提取技术都得到了不同程度的提高，海水淡化装备得到了改进。国家在各种海洋科技规划与方针中都明确提出要大力发展海水淡化业，并积极依托各类海洋类高校和科研院所培养了大批掌握海水淡化技术的人才。在技术、资金、人才的条件不断完善的前提下，海水淡化也积极进行了工程示范，取得了良好的经济和社会效益，加快了其产业化进程。2009年，我国海水利用规模进一步扩大，自主创新能力不断提升，大生活用水技术、海水利用关键装备制造等领域取得重大突破。全年实现增加值15亿元，比上年增长18.6%。鉴于我国人均淡水占有量是世界人均占有量的1/4，多数

沿海地区处于极度缺水状态的情况，海水淡化和海水直接利用有着广阔的发展前景，未来发展的重点是海水综合利用和相关技术研发及装备制造。

3. 海洋可再生能源业

我国可再生能源储量丰富，可开发的潮汐能为1.1亿千瓦、潮流能0.18亿千瓦、海流能0.3亿千瓦、波浪能0.23亿千瓦、温差能1.5亿千瓦、盐差能1.1亿千瓦。除潮汐能开发利用比较成熟外，其他能源的开发尚处于技术研究和示范试验阶段。从潮汐发电来看，我国拥有世界最多的潮汐电站，其中以江厦电站最具代表性，且技术居于世界领先水平，其他海洋能的开发与利用多半处于试验发展阶段，有些已经具备商业化运作的条件。目前我国海洋能产业总体上仍处于发展初期，除在海洋风能开发中引入市场机制外，其他海洋能开发技术研究仍需要依靠国家和地方的财政资助。海洋风电产业发展势头良好，预计在今后一个时期内，会成为我国海洋能产业的支柱。但从整体上看，海洋能技术还不够成熟，产业规模相对较小，海洋能在我国能源结构中所占的比重很小，在区域电力供给中发挥的作用微不足道，与经济社会发展所需的较大应用量相比还存在着很大的差距。

4. 海洋装备业

从海洋装备发展历史来看，我国海洋石油装备的研制始于20世纪70年代初期。80年代后，我国在半潜式钻井装备研制方面有所突破。进入21世纪后，尤其是近几年来，我国加大了海洋油气资源的勘探开发及石油钻采装备的更新力度，海洋装备技术有了较快发展。目前，我国已具备全海域深度水下机器人、远距离智能无人潜器、大深度（7000米）载人潜水器研制能力，且总体技术水平处于世界先进水平，在深海载人空间站研制领域处在世界前沿。但我国装备技术与制造基础薄弱，关键元器件与材料国产化率低，配套设备缺乏稳定性。我国上海外高桥集团股份有限公司、大连船舶重工集团有限公司、青岛北海船舶重工有限责任公司等企业主要生产低端产品，市场份额尚不足5%，在设计、配套等核心技术上几乎是空白；我国海洋装备的开发相当一部分仍以与国外合作为主，而通过引进技术和自主创新，我国将逐步掌握这些技术，为将来的发展做准备。

5. 深海作业

面对全球深海投资越来越多的趋势，我国作为全球深海产业的重要参与者，抓住机遇，迎接挑战。2007年，“南海深海油气勘探开发关键技术及装备”成为我国“十一五”“863计划”海洋技术领域重大项目之一。此项目将为我国水深300～3000米深海大中型油气田勘探开发提供有力的技术支撑。近几年，中国石油天然气集团公司、中国石油化工集团公司、中国海洋石油总公司等大力推动海洋战略，中国海洋石油总公司目前已设立了深海实验室，取得初步成果。我国深海采矿技术已经形成了一批具有产业化开发价值的技术成果，这些成果为构建新的产业奠定了坚实的基础。基于现状，在建立国家深海产业的总体框架下，优先构建深海矿物资源开采业、深海技术装备制造业等深海高技术产业群，同时组建国家深海产业基地。

（三）海洋能产业发展各阶段的特征及影响因素

按照海洋能产业成长过程将其分为初步开发、试用成型、完善补充、稳定发展4个阶段。

1. 初步开发

初步开发产生新技术、新发明、新设想的阶段，企业对技术进行酝酿和研发，而投资者提供种子资金。这一时期影响企业的要素表现为技术问题，其次还包括市场、管理、财务等要素，由于尚未进行生产，因此不存在生产要素。其中：技术要素包括新技术的技术水平、研发效率和新技术实现产品功能目标的难度；市场要素包括市场需求预测、市场供应情况预测和竞争产品分析；管理要素包括核心研究人员的健康状况、对项目的态度、交流情况、研发计划和领导决策。

我国的海洋能产业发展刚刚起步，相关的技术研究还不够成熟，因此，我国还处于海洋能产业发展的初步开发阶段。

2. 试用成型

海洋能等高新技术在经过初步开发的研发工作后，进入试用成型的特征是形成产品雏形、样品、样机、技术图纸、专利等成果。在试用成型需要进行工艺的技术创新、产品中试来排除技术风险，并制造成少量产品进行试销，因此仍有很多技术上、工艺上的问题需要解决，故这一阶段不仅对技术的要求更高，而且需要投入更多的研究经费以实现产品的产业化生产和试销。同时，在进入市场试销过程中，需要根据市场反馈意见不断调整和改进产品及工艺，形成稳定成熟的产品。这个阶段的关键要素包括技术要素、市场要素和财务要素。其中：技术要素包括技术的可行适用性、相关联技术、工艺的配套性、中试设备能力；市场要素包括消费者对创新产品的认同和接受程度，市场需求发生变化，模仿产品或替代产品对市场份额的影响；财务要素包括投资的持续性和财务制度的规范性。

3. 完善补充

通过试用成型对生产、工艺技术的试验，海洋能等高新技术企业已经具备了生产、销售、服务的能力，进入完善补充后，企业开始投资建设生产线、组建销售队伍、进行开拓市场、实施产品生产和销售，同时还要持续进行新产品的研发，以保持研发能力和竞争力。因此完善补充的主要特征表现为生产的稳步扩大和技术的持续发展。相对来说，这一阶段对资金的要求又有所增加，所需投资约为试用成型的10倍以上。影响企业发展的主要因素表现在生产要素、财务要素等方面。其中：生产要素包括批量生产能力，建设投资额度，生产成本控制能力；财务要素包括流动资金周转频率，财务管理，间接费用控制能力，盈利能力。

4. 稳定发展

经过了初步开发、试用成型、完善补充的发展，海洋能等高新技术企业在这一阶段已

经基本成熟，表现为技术已经成熟，产品进入大工业生产阶段，建立了强大的生产、销售网络，产品已经得到市场的认可，不确定性大大降低。但这一阶段需要进行规模扩张，因此仍然需要大量资金。此时影响企业发展的主要变量是管理要素、财务要素、技术要素等。其中：管理要素包括适应市场竞争的能力、产品售后服务管理能力、营销管理能力；财务要素包括大规模生产销售的流动资金周转频率、流动负债回收速度；技术要素包括产品技术研发的持续性、新技术开发成功率。

（四）海洋能产业发展产出效益分析

现有对技术产出绩效的评价主要从产出结果或效果、产出对企业的影响等方面展开。从产出效果角度分析，专利数、新（改进）产品销售情况、市场占有率、利润提高情况、能耗下降等是衡量高新技术产出的直接指标。

1. 海洋能产业发展阐述效益要素

从政府角度对海洋能等高新技术产业发展产出效益进行衡量，得到衡量高新技术产业发展产出效益的要素包括科技直接产出、经济效益、社会效益、管理效益 4 个维度。

（1）第一维度：科技直接产出。政府对海洋能技术的投入首先要体现在诸如相关海洋能技术专利和获奖励情况等科技成果上。其中论文、学术专著是科技投入的重要成果，能够体现出该项科技投入产出的效率和效果，数值越大说明财政科技投入的科技产出效率越高。专利权包括发明、实用新型和外观设计 3 种类型。专利申请授权量体现了该项目持续过程中获得的授权专利技术成果数，能反映科技投入在专利方面的产出情况。科技项目获奖励情况包括项目科技成果中获得国家和省部级奖励的数量，反映了科技成果中较高水平的科技产出，一般来说，科技成果获国家级奖励数和获省部级奖励数是衡量该因素的重要指标。海洋能产业的发展是一个长期过程，论文、专利和获奖励也会大大刺激海洋能技术的发展。本书为海洋能产业科技直接产出变量设计的观测变量包括：①海洋能科技论文、专著数；②海洋能专利申请授权；③海洋能获奖励情况。

（2）第二维度：经济效益。海洋能等高新技术创新项目的经济效益是指在技术创新的过程中资源消耗的最小化和产出价值的最大化。首先，科技创新项目的直接经济效益可以通过专利、许可权转让等形式获得，体现了海洋能等高新技术产业发展项目的技术商品交易水平，反映了政府科技投入促进科技成果转化和推广应用的效果；其次，对于将研发技术直接用于生产的企业来说，可以从投入效率的角度衡量项目经济效益，也就是通过高新技术产品的年产值来反映项目的实际经济产出、政府科技投入的利用效率，是政府科技投入的直接产出的一种形式；再次，从产出效率角度来说，可以通过考核科技项目对企业劳动生产率的带动情况来反映企业的生产技术水平、经营管理水平、职工技术熟练程度和劳动积极性。本书为海洋能经济效益变量设计的观测变量包括：①海洋能技术合同效率；②海洋能项目产值效率；③海洋能企业劳动生产率增值。

（3）第三维度：社会效益。社会效益是指不能以经济指标衡量的社会所得。通过政府少量财政科技资金的引导，带动整个社会资金对海洋能产业发展的后续投入，直接反映财政科技资金投入的重要社会效益；本书用带动后续社会资金收入的充裕度来反映政府科技投入的带动效益和扩散效益。此外，就业率反映了项目缓解就业压力的程度。政府科技投入能够带动一个地区的经济和科技迅速发展，从而创造出更多的就业机会，即带来新的就业机会。本书为社会效益变量设计的观测变量包括：①带动后续社会资金投入充裕度；②海洋能项目新增从业人数。

（4）第四维度：管理效益。政府的海洋能产业支持不仅能够提海洋能企业产出，而且随着项目的不断推进，企业的经验积累日益丰厚、管理水平日益提高。其体表现为通过科技项目实施锻炼企业领导者在计划、管理、沟通、控制等方面的能力，同时形成适合科技项目实施的项目团队的过程；以及海洋能企业通过实施项目不断整合企业组织结构、持续改进企业管理模式、完善规章制度和操作流程。本书为管理效益变量设计的观测变量包括：①领导力提升及团队建设；②海洋能产业管理模式的改进。

2. 海洋能产业不同阶段政府支持对其发展的作用关系图

本章以政府支持策略为自变量，以关键影响要素为中介变量，以海洋能产业产出效益作为以政府支持策略为自变量，以关键影响要素为中介变量，以海洋能产业产出效益作为研究模型的因变量，分别构建初步开发、试用成型、完善补充、稳定发展政府支持策略对高新技术产出效益的作用关系模型，据此深入探讨政府支持通过作用于关键影响因素进而影响产出效益，如图 6－1～图 6－4 所示。

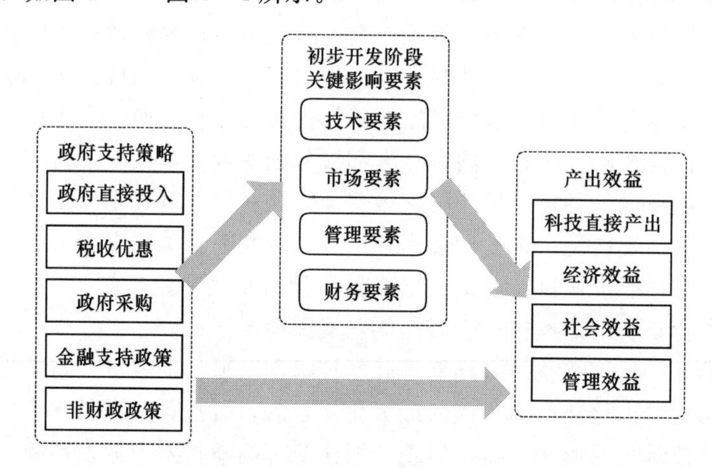

图 6－1　初步开发阶段政府支持对高新技术产业发展作用关系模型

以下从海洋能产业发展的不同阶段，分析政府支持策略对产出效益的影响效果及作用。

（1）初步开发有显著作用的政府支持策略作为财政直接投入、税收优惠和非财政支持。其中：财政直接投入通过影响初步开发企业的技术要素来实现对科技直接产出的促进作用；税收优惠则通过对市场要素、财务要素的影响作用于经济效益；非财政支持则通过影响管理要素来实现对社会效益的正向影响。

（2）试用成型有显著作用的政府支持策略作为财政直接投入、金融支持政策、非财政支持，其中：财政直接投入和非财政支持都通过技术要素对科技直接产出产生影响；金融

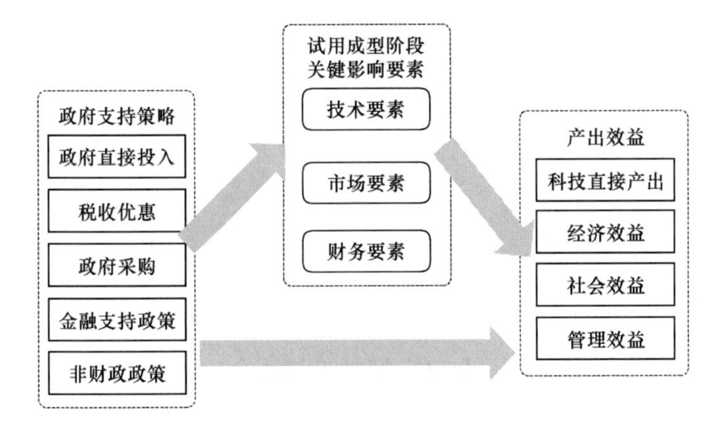

图6-2　试用成型阶段政府支持策略对高新技术产业发展作用关系模型

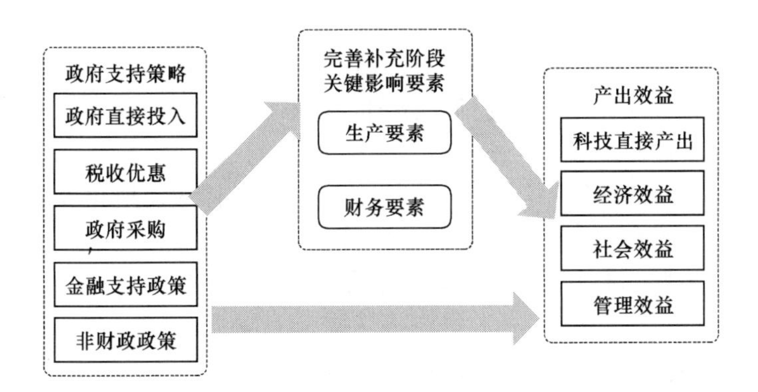

图6-3　完善补充政府支持策略对高新技术产业发展作用关系模型

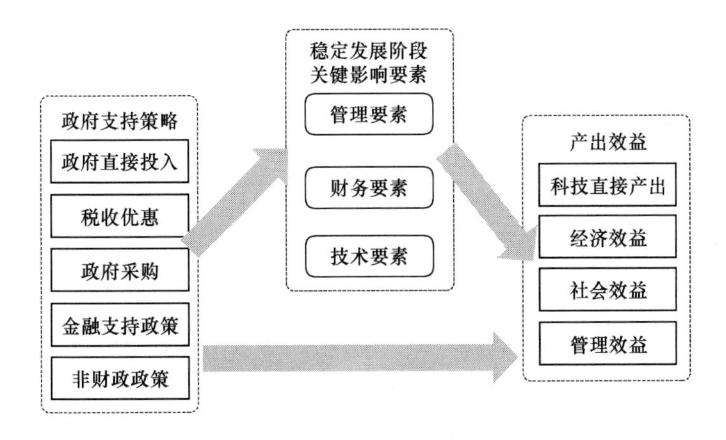

图6-4　稳定发展政府支持策略对高新技术产业发展作用关系模型

支持政策则通过市场要素和财务要素共同作用于经济效益；此外，市场要素的中介效应还表现在金融支持政策和社会效益之间；而财政直接投入对管理效益的影响则不需要中心变量。

（3）完善补充有显著作用的政府支持策略作为税收优惠、政府采购和金融支持政策。其中：税收优惠政策完全通过财务要素来实现对社会效益的促进作用；政府采购除直接对社会效益和管理效益产生积极作用外，还分别通过财务要素和生产要素的中介效应来实施影响；金融支持政策对经济效益的影响则部分通过生产要素来实现。

（4）稳定发展有显著作用的政府支持策略作为政府采购、财政直接投入、税收优惠、金融支持政策。其中：政府采购策略通过管理要素、财务要素作用于经济效益，同时也通过管理要素影响企业的管理效益；而财政直接投入与科技直接产出、社会效益的中介变量为技术要素，同时技术要素也是金融支持政策、税收优惠与科技直接产出的中介变量，更是税收优惠影响社会效益的不完全中介变量。

二、我国海洋能产业发展存在的问题

（一）缺乏系统、科学、具体的海洋能发展战略规划

我国目前缺乏海洋能开发利用的总体规划，难以有效协调有关涉海能源的各级各类规划的关系，缺乏指导我国海洋能发展的线路图，以确定全国海洋能源开发的布局、重点、技术和政策，使得海洋能发展动力不足，方向不明。有关部门没有充分意识到海洋能开发利用的市场前景，各沿海地区海洋能产业的发展也缺乏具体的规划和目标。要促进我国海洋能产业的发展，就要在详细调查和充分调研的基础上，通过科学论证，制定切实可行的海洋能中长期发展规划。中央的整体规划和地方的区域规划都十分重要。

（二）缺乏详细、具有可操作性的法规和政策

从世界范围来看，海洋经济发达国家的发展优势很大程度上取决于其政策法规的健全。反观我国，尽管国家海洋局已启动了海洋能产业规划研究工作，但海洋能产业的环境效益、社会效益和经济效益还没得到充分认识，尚未形成全社会积极参与和支持海洋能产业的良好环境，极大地减缓了海洋能产业的发展速度。海洋能产业的发展尚处于初期，虽然拥有广阔的发展前景但潜力没有被充分挖掘出来，想要实现蓬勃发展必须依靠国家政策的大力支持。从海洋能产业现有政策来看，还存在很大缺失。虽然《可再生能源法》的颁布实施使我国海洋能的研究开发工作有法可依，但目前我国还没有国家层面的海洋能开发利用方面的专门法规和政策，且已有的可再生能源相关法规缺乏细则支持，可操作性不强。我国现有海洋能相关法律法规都只是一些极其简略的尝试性规定，缺乏针对海洋能的国家战略。且我国海洋能产业的发展尚处于初期，产业发展虽然拥有广阔的发展前景但潜力没有被充分挖掘出来，想要实现蓬勃发展必须依靠国家政策的大力支持。从海洋能产业现有政策来看，还存在很大缺失。政策体系不完整，激励力度不够，相关政策之间缺乏协调，尚未形成支持海洋能持续开发利用的长效机制。

（三）缺乏统一、协调的海洋能管理机制与协调机构

海洋经济发达国家通过建立政府管理与协调机构，管理和调拨国家专项资金，负责通

过合理的方式向研发海洋科技的科研机构以及科技创新企业提供资金支持，负责将政府、科研机构以及企业形成一体化的机制，十分有利于政府的宏观管理，更有利于海洋能产业的应用和产业化。而我国由于受到旧体制的束缚，新兴海洋产业的发展缺乏协调，产业与沿海市地之间、产业与行业之间、产业与环境之间存在着矛盾，严重阻碍着海洋资源的合理配置。海洋能的开发涵盖发电、上网、电价等多个环节，涉及能源主管部门、海洋管理部门、财政部门、电网公司等多个部门和企业，限于成本、技术约束和部门利益等因，各职能部门无法进行有效地衔接和协调，难以保证海洋能开发活动的顺利进行。如何协调各部门对海洋能的管理、统筹各方力量，高质高效地实现对海洋能产业的无缝服务，形成支持海洋能产业持续健康发展的长效机制，是目前我国海洋能产业发展面临的主要管理问题。

（四）缺乏稳定、持续的资金技术支持和经济激励

海洋能产业是以高新技术为首要特征的新兴产业，技术研发和产业培育需要大量的资金投入。我国海洋能技术相对成熟的领域仅限于潮汐能，在规模等方面与国外相比仍有很大差距，缺乏对海洋能产业研究与开发的长期资金投入机制，难以提供促使其蓬勃发展的物质保障。此外，海洋能产业具有高风险、高投入、回报周期长的特点，仅仅依靠政府资金投入远远满足不了其发展的需要，形成有效的社会融资机制成为当前亟待解决的问题。国际上许多国家通过出台激励政策来促进海洋能利用的产业化进程，但我国在激励政策的制定上则有所欠缺，对企业的吸引力不足，缺乏企业的参与，使得海洋能产业化的实现具有一定的难度。

（五）技术自主研发能力薄弱，科技成果转化率低

与其他海洋产业相比，海洋能产业对技术和资金，特别是对海洋高新技术的依赖性很大。受国内科技发展水平的制约，海洋自主研发能力较弱，突出表现在我国装备技术与制造基础薄弱，关键元器件与材料国产化率低，在设计、配套等核心技术上几乎是空白。另外，科技成果转化率低，科技成果始终处于研发阶段的状况依旧突出。

（六）缺乏有效的投融资机制

海洋能产业是以高新技术为首要特征的新兴产业，技术研发和产业培育需要大量的资金投入。发达国家强化科技管理，持续大量的投资于海洋科技领域，极大地推动了科技研发的进度和关键技术的突破。相比之下，我国与发达国家的海洋科研与经费投入相差悬殊，缺乏对海洋能产业研究与开发的长期资金投入机制，难以提供促使其蓬勃发展的物质保障。另外，国外的海洋油气勘探开发技术、先进海洋仪器的研制开发等主要以大企业的投入为主，如英国在1994—1995年的海洋研发经费中，企业的投入占整个经费投入额的36％。因此，鉴于海洋能产业高风险、高投入、回报周期长的特点，仅仅依靠政府资金投

人远远满足不了其发展的需要，形成有效的社会融资机制成为当前亟待解决的问题。

（七）人才储备不足，高层次人才匮乏

与海洋经济发达国家相比，海洋能产业的人才储备不足，高层次人才匮乏的问题需要给予高度重视。由表 6-1 可知，从事海洋能产业的人数有了大幅增加，但是我国海洋科技队伍整体上仍显不足，优秀拔尖人才比较匮乏，海洋生物制药、海洋资源探查和气象观测方面，具有自主创新型人才较少，后备力量缺乏，对海洋能产业的可持续发展构成一定的威胁。

表 6-1　　全国涉海就业人员统计

年　度	2010	2011	2013	2014
人数/万人	3350	3420	3513	3354

数据来源：国家海洋局《2010—2014 年中国海洋经济统计公报》。

（八）国际合作有待加强

我国海洋能产业的发展已经有了一些国际合作的事项和经验，逐渐呈现出国际化发展的趋势。从海洋能产业整体来看，目前仅在海洋油气业和海水淡化业方面实现了国际合作，其他领域均未进行有效的国际对接，因此在国际化程度的时代背景下处于被动的地位，极大地阻碍了我国海洋能产业潜力的发挥。面对国际海洋经济合作共赢的历史机遇，积极有效的国际合作才是海洋能产业发展的必由之路。

三、政府在海洋能产业发展中的角色

海洋技术产业具有知识密集、高投入、高风险及高收益等特点，在产业发展的初级阶段会遇到资金、资源、能力等条件的限制，因此，海洋能产业的发展离不开政府的扶持与保护。目前，我国海洋能产业发展中还存在很多问题，需要政府的积极干预和支持。政府在推动产业发展中的作用是全方位的，领导战略，支持产业研发活动，保护市场，为产业的发展提供服务。对于海洋能新兴产业，政府也要充分发挥自己的作用，扮演好在海洋能产业发展中的角色。具体来说，政府在海洋能产业中的角色具体主要有以下几个方面（图 6-5）。

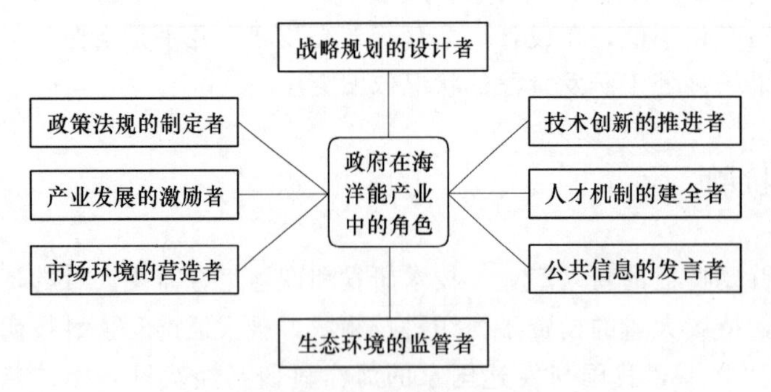

图 6-5　政府在海洋能产业发展中的角色

（一）战略规划的设计者

所谓战略规划，是指制定一个组织的长期目标并将其付诸实施的正式过程。新能源的开发作为国家战略的一部分，需要由中央政府统一制定总体发展规划，以实现国家的整体利益和长远利益。政府是产业的设计者和规划者，如果政府制定的发展战略正确，就能促进产业的发展，反之，战略失误或错误，就有可能导致产业发展的失败。因而对于海洋能产业的发展，必须坚持规划先行，制定相应的战略规划，做到未雨绸缪。政府制定科学系统的海洋能发展战略规划，能够为海洋能产业的发展提供必要的依据，对海洋能开发利用和海洋能产业发展起到重要的推动作用。

目前，我国缺乏海洋能开发利用的国家总体规划，难以有效协调有关涉海能源的各级各类规划的关系，缺乏指导我国海洋能发展的线路图，以确定全国海洋能源开发的布局、重点、技术和政策，各沿海地区海洋能产业的发展也需要更具体的规划和目标。要促进我国海洋能产业的发展，就要在详细调查和充分调研的基础上，通过科学论证，制定切实可行的海洋能中长期发展规划。中央的整体规划和地方的区域规划都十分重要。

因此，政府需要全面掌握我国海洋能的种类、分布情况、开发现状、技术，在此基础上制定出海洋能发展的总体战略规划，明确开发的重点、近期目标、中长期目标、技术和政策等。各地政府要根据当地海洋能资源条件和当地经济社会发展的需要，做好区域规划，制定具有可操作性的战略规划，将战略的宏观性、长远性与规划的具体性、阶段性、指标性结合起来，因地制宜、统筹规划、合理布局，促进海洋能产业的发展。只有加强政府规划对海洋能产业发展的指引作用，形成系统、全面的海洋能发展规划，制定海洋能发展的详细目标和实施步骤，明确海洋能产业的发展路线，才能够科学、合理、有效地引导海洋能产业的发展，保证海我国洋能产业长远、健康、有序地发展。

针对海洋能产业发展，在对现有资料进行充分调研和局部实地补充调查的基础上，认为海洋能产业的发展规划分为以下两个部分：

（1）确定海洋能产业发展的总体目标。在未来海洋能发展过程中，根据国际国内情况制定海洋能产业要达到的目标。需要说明的是，制定的发展目标必须清晰。规划的内容要利于调动相关科研人员的和企业的积极性，目标要先进，通过各方的共同努力是可以实现的。另外，战略规划的可操作性，将战略的宏观性、长远性与规划的具体性、阶段性、指标性结合起来，确定目标能够付诸实践。已有的涉及可再生能源发展的国家政策有《国家中长期科学和技术发展规划纲要（2006—2020年）》《可再生能源发展“十五”规划》《可再生能源中长期发展规划》《新能源产业振兴和发展规划》等。

（2）海洋能产业发展各个阶段性目标。在对其他高新技术产业调研基础上，结合海洋能产业的特点，给出海洋能产业发展的几个阶段，即海洋能产业的初步开发、试用成型、完善补充、稳定发展阶段。每个发展阶段有其阶段发展特征以及影响因素，在每个发展阶段制定发展目标，与总体目标不同的是，阶段性目标应该是具体的、明确的。

（二）政策法规的制定者

海洋能产业发展离不开法律法规作为保障，政府应制定和完善促进海洋能产业发展的政策和规章制度，从制度层面保证海洋能产业顺利发展。将促进海洋能产业发展的政策分为以下 4 个方面：

（1）强制性或指令性政策。由政府制定的有关法律、法规和条例，政府批准的技术政策、法规、条例和其他具有指令性的规定，例如，《可再生能源法》。

（2）经济激励政策。由政府制定获批准执行的各类经济刺激措施。

（3）产业开发利用政策。海洋能技术在研究开发和试点示范活动中政府所采取的行动。

（4）市场开拓政策。在海洋能项目实施过程中采用某些有利于新能源与可再生能源技术进步的新的运行机制和方法。

中央政府在制定法律法规时，应和沿海各省份政府及时交流和沟通，因为当地政府对本地情况更为了解，具备齐全的资料与丰富的专业知识，能够保证立法工作的时效性，有利于海洋能产业的顺利开展。但需注意的是当地政府在开展此项工作之时，往往更加注重本地政府的利益，对自身所应承担的义务与责任却予以弱化或规避，不利于海洋能产业的健康发展。

（三）产业发展的激励者

由于海洋能本身具有储量大、不稳定、密度低、分布不均等特点，其开发难度大、建设周期长、固定成本投入大、效益回收难、技术要求高，不利于示范和推广，要想实现海洋能的实际利用，促进海洋能的产业化，政府所营造的政策环境就显得尤为重要，政府需要加强建设激励海洋能产业发展的相应政策和措施，以优化海洋能产业发展的宏观环境。

海洋能产业属于新兴产业，是高风险、高投资的产业，政府必须制定有利的产业政策，以引导资本、技术对这方面的投入。在海洋能产业发展的初期，人才培养、技术研发、工程设计、发电并网等各个方面对资金的投入需求都相对较高，政府的投资是发展海洋能的关键，由政府支持开发、示范推广，灵活运用经济手段和激励政策，实施财政补贴和制定优惠政策十分必要。只有通过政府持续稳定的资金扶持，通过一系列产业激励政策的制定落实加大资金支持力度，制定财政贴息、电价优惠、税收优惠等一系列政策，才能加快我国海洋能产业化进程，促进海洋能产业的发展。

为了鼓励我国海洋能的开发，结合我国海洋能产业的发展现状，政府主要可以考虑以下激励政策：

（1）加大海洋能开发利用专项资金的投入力度，对于海洋能发电的设备生产、技术研发、项目工程都要给予足够的资金补贴和扶持。

（2）电价优惠。针对海洋能发电，在原有可再生能源电价补贴的基础上，提高电价补贴额度，制定电价优惠政策。

(3) 税收优惠。对海洋能产业中的海洋能发电设备的制造和销售、海洋能项目工程的设计运行、海洋能电发电上网销售等方面涉及的税收进行减免。

(4) 引导鼓励民营资本的投入，对于民营企业投资的项目，加强优惠政策支持，鼓励资本市场和外商直接投资，积极拓宽海洋能融资渠道。确保投资者看到实实在在的利益，及利益获取的稳定性。

当然，今后随着海洋能发展逐步进入产业化，其产业规模逐渐扩大，就会从依靠政府扶持转而要求稳定、规范、不断扩大市场，这就需要根据实际发展状况逐步淡出经济激励而代之以符合市场经济规律、可以起到鼓励技术进步和降低成本作用的机制，最终形成政府政策引导与市场经济体制有机结合的政策体系。

（四）市场环境的营造者

作为市场机制的有益补充，政府在产业发展中始终发挥着重要的作用。对于任何产业而言，市场经济秩序的建立和维护必须依赖政府的外在力量才能实现，很难自动形成规范。目前我国海洋能产业处于产业化发展初期，政府需要为其营造一个健康、公平的市场环境。

政府在海洋能产业的发展过程中，可以通过法律、行政等手段来维持市场经济秩序，通过制定相关的规章制度，使市场竞争有规则可循。应根据海洋能产业发展规划制定完善各项具体的方针政策，制定市场准入、市场竞争、市场退出等有关规则，确保海洋能相关企业能在公平、公正、公开的基础进行竞争，引导规范企业的行为。建立明晰的金融、财税制度和基于市场调节的价格形成机制和政策，充分体现约束与激励相结合的政策导向作用。此外，由于海洋能产业具有投资建设周期长、投资风险大、投资回报率低的特点，因此各级政府应该建立海洋能开发利用的投资风险规避机制。

为了营造良好的市场环境，建立健康的市场机制，政府必须对市场进行监督管理。一是政府对价格的监管，包括对海洋能产业相关的原材料、资金、劳动力以及其他重要商品和要素价格的监管；二是政府对资源使用方向的监管，主要是指政府对资金、土地以及行业规划、产业政策等关系资源使用方向的调控政策，如政府规定的专项贷款、专项资金等；三是政府对相关企业及其市场行为的监管。

（五）技术创新的推进者

海洋能产业作为刚起步的新兴产业，其发展离不开技术进步，技术进步离不开技术创新。海洋能产业具有知识密集性和智力密集性的特点，要与产业外部环境进行信息流、知识流、创新流等能量流的交换，使产业一直处于技术进步的更新交替之中，紧跟国际海洋能技术前沿。我国海洋能产业技术创新系统是海洋能产业整个系统的关键，事关系统是否能够可持续发展并在国内外激烈的市场竞争环境中生存下来，关系着整个产业的核心竞争力，为我国海洋能产业可持续发展提供源动力。

虽然企业是技术创新的主体，但政府作为企业技术创新的启动者和推进者，在技术创新系统的建立中起到至关重要的作用。作为市场机制的有益补充，政府在企业技术创新中始终发挥着重要的作用。目前，我国海洋能产业发展中还存在很多问题，需要政府的积极干预和支持。主要通过以下两个方面进行技术创新的推动。

1. 营造公平有效的市场环境，健全和完善市场体系

完善的市场机制是企业技术创新的动力，市场竞争中的优胜劣汰是企业技术创新的动力源泉。营造公平的市场竞争环境，积极推进各种要素（包括人才、产权与技术）进入市场，实现资源合理有序的流动，就成为推动海洋能相关企业技术创新的关键所在。主要措施有维护公平有效的市场竞争秩序；加大对知识产权的保护力度；培养和完善技术市场；完善企业家人才市场；完善科技人才市场。

2. 加强和完善有利于创新的宏观经济政策

（1）建立政府采购制度，加大需求引力。可通过公共采购政策的安排，创造和增加企业创新产品的市场需求，产生对创新的“市场拉动”效应。

（2）以多种形式资助企业技术创新。鉴于我国的海洋能产业正处在起步阶段，海洋能技术创新的动力机制尚未形成，当前我国政府对海洋能企业技术创新活动应给予一定的直接资助。

（3）要调整海洋能技术创新的税收优惠政策。技术创新的税收优惠政策，作为激励海洋能技术创新的经济手段，是国家从财力上保证海洋能技术创新而采取的有力措施。

（4）加强对技术创新的金融扶持政策。政府必须要推行积极的金融扶持政策，以增强企业从事技术创新的信心和动力。

（5）支持建立以风险投资为主体的创新投融资体系。风险投资主要把资金投向技术创新这种既具有高潜在收益但同时又具有高风险的活动，因而是有利于推动企业技术创新发展的一种投资机制。

（六）人才机制的健全者

随着海洋开发利用的深入发展，海洋领域开始成为是世界沿海国家经济社会发展主阵地，海洋事业更是迫切需要高科技作为支撑，与此同时，与之相匹配的人才队伍已成为建设海洋强国的迫切需要。世界主要海洋国家通过国家级海洋研究中心、开放式大学海洋教育培训以及各种海洋教育和培养计划等，不断推进海洋基础和综合研究，积极打造海洋领域顶尖人才。我国海洋事业的发展同样需要依托各类海洋研究机构和大专院校以及培训机构，才能培养出勇于献身海洋事业、奋发图强、勇于创新的管理和科技人才。各级政府和海洋管理部门要不失时机地创立科技创新人才体系，建立科学合理的海洋科技创新人才评价制度，形成运转高效的选拔管理机制等，从而为建设海洋强国提供优秀的科技创新人才和有力的智力支持。

2011年，国家海洋局、教育部、科学技术部、农业部、中国科学院联合印发了《全国海洋人才发展中长期规划纲要（2010—2020年）》，要求形成一支规模适度、结构优化、

布局合理、素质优良的海洋人才队伍，不断提高海洋人才对海洋事业发展的贡献，使海洋人才发展总体水平达到主要海洋国家的中等发展水平，为建设海洋科技先进、海洋经济发达的海洋强国奠定人才基础的总体目标和6项具体目标，既明确了今后一个时期海洋人才队伍建设的基本内容，也确立了海洋人才队伍建设的发展方向和战略重点。

（七）公共信息的发言者

公共信息是指所有市场参与者都能够自由获得的信息，在海洋能产业中，对市场的公共信息是不是具有价值进行判断，既要对时间、地点以及准确性等进行考虑，同时也应该考虑信息本身所具有的流动速度。而只有提高政府信息的流动速度，才可以创造更大的效益。信息的提供被企业列为第二重要的因素。由于收集信息对单个企业来讲成本往往很高，而由政府来实现低成本的信息供给和传播，对于需要相关信息的企业来说最为有利。发达国家都把提供信息服务作为政府的一项重要职能。因此，为了提高信息传播速度，满足企业的信息需求，增强企业创新的技术推动力，我国政府也应当把加强信息服务工作放在重要的地位，具体来讲，应做到以下几点：

（1）制定符合我国国情的信息政策。企业技术创新的信息需求的满足必须在适宜的信息政策的背景条件下才能获得。制定符合我国国情的信息政策，就是要促进信息在整个国家创新体系内乃至全社会的高效流动，为满足国家创新体系的信息需求创造良好的社会条件。

（2）加强国家信息基础设施建设。国家信息基础设施是满足企业技术创新信息需求最基本的平台，企业的所有信息活动都要在这个平台上展开。因此，目前政府应加紧“金”字号工程和中国国家信息化基础结构等项目的建设，从而对企业的技术创新起到积极的推进作用。

（3）规范信息市场。信息市场是企业满足技术创新信息需求的重要依托。政府要力争通过相应的法规规范信息市场环境，降低企业利用信息的成本，促进信息产业和信息服务业的发展，为企业和信息服务业的互惠、双赢创造条件。

（4）开发信息资源，提高信息服务质量。要针对企业技术创新的信息需求开发利用各种信息资源，向企业提供多层次的准确可靠并易于使用的创新信息，既要保证信息服务的高质量，还要保证信息服务的高效率，使企业能够以最经济的方式及时地获取所需信息。这是满足企业技术创新信息需求最重要、最根本的社会途径。

（八）生态环境的监管者

在发展海洋能产业时重视环境保护，实现对海洋资源的合理开发与海洋生态环境的有效保护是海洋公共管理的基本要求。虽然海洋能是改善环境和气候问题的理想清洁能源，但海洋能开发过程也存在潜在的海洋环境污染题，对海洋能进行开发利用需要充分考虑和掌握开发利用活动对海洋生态环境等产生的影响。对生态环境的保护是海洋能开发利用的初衷之一，海洋环境保护是海洋能得以持续开发的必要前提，只有注重海洋环境的保护，才能保证海洋的可持续利用，推进海洋能产业的持续发展。

海洋能产业的发展必须服从国家海洋发展战略，不能凌驾于其他产业发展之上，更不能建立在牺牲海洋环境的基础上。为此，政府应完善海洋环境保护的相关规章制度，在技术开发、制订计划等方面完善必要的体制，环境保护的制度、措施应该得到严格的遵守，有关的措施、程序应给予细化和补充。同时，应该高度重视海洋空间规划，加强环境评估，实现环境友好型海洋能产业发展。

政府在海洋能产业发展过程中，担负起生态监管者的责任。政府要扮演好生态监管者的角色。需要从以下两个角度出发：

(1) 政府自身要注重对生态的监管。各级涉海政府部门在开发利用海洋能资源的同时，要更加重视对海洋环境的监管和保护。不能只重眼前自身行业的利益和效应，从海洋发展的长远目标和利益出发，在发展海洋经济、开发利用海洋资源时，要更加重视对生态环境的监督和保护，将维护海洋环境资源放在部门目标的重要位置。

(2) 加强对其他海洋利用主体的监管力度。政府作为公共部门，有义务对海洋能开发利用活动进行监督和管理，当其他涉海活动参加者的行为影响了海洋生态的公共问题，造成了海洋环境污染、资源破坏、权益受损等负外部性效应时，需要政府作为公共部门对其进行监督和管理，通过有效的管理途径和方式，促使海洋能开发活动参加者改变自身行为，达到保护海洋生态和环境的目的。避免无序竞争，保护海洋生态，力求做到经济效益最大化和环境影响的最小化。

(九) 小结

海洋能产业作为一种新兴产业，产业的发展受到很多制约因素。目前我国海洋能产业总体上仍处于发展初期，需要政府的积极引导和大力扶持。政府在推动产业发展中的作用是全方位的，要扮演好自己在海洋发展中的角色，即战略规划的设计者、政策法规的制定者、产业发展的激励者、市场环境的营造者、技术创新的推进者、人才机制的健全者、公共信息的发言者和生态环境的监管者，真正促进我国海洋能产业的可持续发展。

第七章　海洋能产业发展的财税与金融政策

一、国际上可再生能源发展的财税政策

近年来，发达国家和一些发展中国家都十分重视可再生能源对未来能源供给的重要作用，纷纷采取立法和各种政策措施，支持可再生能源的技术开发、市场开拓和推广应用，使得可再生能源产业得到快速发展，产业化水平逐步提高，在能源构成中的比重越来越大。由于在第四章已经对国外在资金和市场等金融方面的政策做出了阐述，本章将在几个典型的国家支持政策实施实践的基础上，详细阐述可再生能源在财政和税收方面的政策。

（一）美国的财税政策

1. 财政政策

（1）资助研发投入。美国政府加大科技投入，1999 年度财政年预算 2 亿美元，用于可再生能源的研究和开发。在运作方式上，美国能源部不直接管理实验室，而是通过公开招标管理公司进行管理，实行私有化管理模式，管理公司负责项目经费的管理和控制，并吸引社会资金加入，加快研究开发周期。美国能源部设立能效及可再生能源办公室，在 2007 年共获得 1.4 亿美元的财政预算，2008 年获得 1.7 亿美元的财政拨款。

（2）提供产出补贴。1992 年，美国的《能源政策法》规定了一项优惠内容：通过国会年度拨款为免税公共事业单位、地方政府和农村经营的可再生能源发电企业，每生产 1 千瓦时的电能补助 1.5 美分。此外，美国政府还加大对生物质能发电计划的投入，1999 年度财政投入为 3.08 亿美元。2009 年 10 月底，美国宣布对美国智能电网发放 81 亿美元开发经费，2010 年 1 月美国能源部又宣布对 32 项智能电网示范计划发放 6.2 亿美元开发经费。美国总统奥巴马签署的《美国复苏和重新投资法》（American Recovery and Reinvestment Act）中有 45 亿美元专门用于扶持智能电网的发展，把智能电网提升到战略的高度。目前，美国对智能电网的投入资金累积已经接近 90 亿美元。

（3）实施政府采购。美国联邦政府有关法律要求政府必须购买国产高能效产品和绿色产品，如要求联邦政府在 2005 年购买 10 万辆洁净汽车，其中一部分就包括生物质燃料汽车。

2. 税收政策

（1）直接减税。减税的范围有以下几个方面：

1）对太阳能和地热项目永久性减税 10%，但这一规定对电力公司是无效的。

2）对风能和生物质能发电实行为期 10 年的产品减税，即每发电 1 千瓦时减少 1.5 美

分。这一数值是根据当时的物价水平确定的，1997 年减税额已增长到每千瓦时 1.65 美分。但这一政策仅适用于 1999 年 6 月 1 日前投入运行的可再生能源设备，而且只在投入运行后的前 10 年内有效。

3）对于符合条件的新的可再生能源及发电系统（指 1993 年 10 月 1 日至 2003 年 12 月 30 日之间开始运行的发电系统），并属于州政府和市政府所有的电力公司和其他非盈利的电力公司也给予为期 10 年的减税，减税额为每千瓦时 1.5 美分。税额减少的多少将随着社会物价水平的变化而变化，并且取决于国会年度拨款水平。2005 年 8 月 8 日通过的新《国家能源政策法》明确规定，美国将在未来 10 年内，向全美能源企业提供 146 亿美元的减税额度，鼓励能源行业采取节能、洁能措施。

（2）加速折旧。根据 1978 年的《能源税收法》，可再生能源生产企业可以获得各种各样税收优惠政策和 5 年的加速折旧方案。

（3）企业所得税抵免。企业所得税抵免的范围包括以下内容：

1）技术开发抵税。开发利用太阳能、风能、地热和潮汐的发电技术，投资总额的 25％可以从当年的联邦所得税中抵扣，同时其形成的固定资产免交财产税。

2）生产抵税。风能和闭合回路生物质能发电企业自投产之日起 10 年内，每生产 1 千瓦时的电能可享受从当年的个人或企业所得税中免交 1.5 美分的待遇。2003 年，美国将抵税优惠额度提高到每千瓦时 1.8 美分，享受税收优惠的可再生能源范围也从原来的两种扩大到风能、生物能、地热、太阳能、小型水利灌溉发电工程等。

（4）个人所得税抵免。2005 美国新能源法的重点是鼓励企业使用可再生能源和无污染能源，该法案将拿出 13 亿美元鼓励私人住宅使用零污染的太阳能等。例如，在个人消费方面，私人购买太阳能设施费用的 30％可以抵税。此外，除联邦政府提供扶持政策之外，美国各州也有自己的鼓励政策，如美国加利福尼亚州、华盛顿州、俄勒冈州等为了发展风电，采取了对风电产业进行减税或免税等很多办法。

从上述政策可以看出，美国扶持可再生能源的政策力度、范围比较大，不但有联邦政府的扶持，也有地方州政府的扶持。政府促进可再生能源发展的政策从财政补贴、政府采购到直接减税、加速折旧、税收抵免不一而足，比较全面和完善，这也是美国自 1978 年《能源税收法》中促进可再生能源发展以来不断完善的结果。

（二）德国的财税政策

德国可再生能源发电量所占比例正在逐年递增。2004 年，水力和风能等可再生能源发电超过德国全部电力供应的 10％。可再生能源已经为德国创造了 12 万个就业岗位，年销售额达 100 亿欧元，每年为德国减少二氧化碳排放量约 6000 万吨。

1. 资助研发投入

德国联邦政府从长远出发，制定了促进可再生能源开发的《未来投资计划》，截至 2004 年已投入研究经费 17.4 亿欧元。目前，政府每年投入 6000 多万欧元，用于开发可再生能源，推动太阳能、风能和地热的开发。以风力发电为例，德国风力发电的速度非常

快，居世界前列。其成功主要得益于政府的扶持和企业的认同。在可再生能源技术的研究与开发过程中，德国政府投入的 17.4 亿欧元，其中风力发电占了相当大的部分。联邦教研部建立资助能源研究的机制来持续资助科研机构进行可再生能源研究。仅 2008 年拨款金额就高达 3.25 亿欧元。

2. 提供投资补贴

在 1990 年，德国议会批准的《电力供应法案》中规定，风力发电价格与常规发电技术的成本的差价由当地电网承担。同时，德国政府还对风力发电投资进行直接补贴，通过其经济部对单机 450 千瓦至 2 兆瓦的风力发电装机提供每千瓦时 120 美元的补贴。每台风机的最大补贴额为 60800 美元，单个风电场的补贴不得超过 121600 美元。联邦教研部对新能源项目进行大量资金资助，2006 年在太阳能领域的研发投入超过 1 亿欧元，其中，政府资助的项目达 68 个，资助额达 5500 万欧元。2008 年拨出 3.25 亿欧元用于能源研究，其中大约 2 亿欧元用于资助亥姆霍兹国家研究中心联合会等科研机构的相关研究。

3. 提供产出补贴

作为能源长期依赖进口的国家，为促进可再生能源的开发，德国政府 2000 年出台的《可再生能源法》规定，政府根据运营成本的不同对运营商提供金额不等的补助。以风电为例，德国政府 2004 年颁布的新能源法律规定中，调整了补贴标准。其中规定，政府给风电以 9.1 欧分/千瓦时的补贴，补贴政策至少保持 5 年。自 2002 年 1 月 1 日起，每年递减 1.5%。即使高补贴率实施期满，风电投资商仍可享受 6.19 欧分/千瓦时的补贴。具体补贴期限是以风电收益达到 150%作为参照收益率来测算的。

4. 提供消费补贴

德国政府还将继续实行经济刺激措施，用优惠贷款及补贴等方式扶助可再生能源进入市场；为鼓励开发利用太阳能，德国政府实施了“10 万个太阳能屋顶计划”，并为此提供优惠贷款。从上述政策可以看出，德国扶持可再生能源发展的政策主要集中在财政政策方面。德国扶持可再生能源的财政政策涵盖了研发、投资、生产、消费的各个方面，是对可再生能源发展整个产业链的政策扶持，力度也比较大。此外，德国在生产补贴上，考虑了市场的公平性，这可以通过可再生能源产业后期的生产补贴逐渐减少可以看出。

（三）英国的财税政策

面对新时期能源供应与结构安全的挑战，英国政府制定了一个可再生能源计划，旨在通过对可再生能源的开发利用，解决污染问题，摆脱对矿物燃料的过分依赖，建立一个多样化、安全和可持续供应的新能源产业。具体而言，鼓励可再生能源发展的内容如下。

1. 资助研发投入

21 世纪以来，英国政府加大了可再生能源的研发投入。企业和研究机构开发新产品或从事创新技术的开发与研究，政府将提供其费用总额的 70%的资助。2000—2001 年，英国贸工部用于可再生能源的研发经费从 1998—1999 年的 970 万英镑增加到 1400 万英镑。工程与物理学研究理事会每年也增加 350 万英镑，用于可再生能源的研究。

2. 提供产出补贴

政府向供电公司征收矿物燃料（包括核电在内）发电税，用于补贴可再生能源发电，税率的多少则因不同地区和时期而异，英格兰和威尔士的税率由原来的 1%提高至 2.2%。苏格兰的税率也由原来的 0.7%提高至 0.8%。

3. 提供销售补贴

可再生能源电力发展商通过竞争得到合同后，按奖励价格出售其电力，价格的高低则由技术状况和竞争结果决定。原则上这种补贴价应随着合同的延续而降低，直到取消政府补贴，将技术完全推向市场为止。

4. 强制性罚款

2000 年 4 月，英国政府制定出台了《英国可再生能源义务法令》。英国政府通过其电力监管局来监督管理。由于英国的供电和发电系统已经在 1990 年成功地实现了私有化，因此，所有供电商都必须履行责任和义务，从可再生能源发电企业购买合格电力，达到当年规定的可再生能源电力份额。如果完不成任务，电力监管局规定，供电商将要缴纳最高达其营业额 10%的罚款。

5. 实施政府采购

如果可再生能源发电企业的配额有剩余，则表明可再生能源电力市场处于卖方市场状态，电力监管局可以收购剩余部分，收购价格为每配额 30 英镑，实际上这一价格相当于政府确定的可再生能源电力的底线价格。但在实际操作中，为了维持可再生能源电力一个相对较高的市场价格从而鼓励投资商投资于可再生能源发电，需要保证政府每年确定的可再生能源电力份额目标略高于实际可能的份额。

此外，除了上述的财政政策之外，英国还通过对小企业实行研发税减免政策鼓励企业特别是新兴中小企业的研究与开发。从上述政策可以看出，英国在促进可再生能源发展方面，既有财政政策措施，又有税收政策措施。其财政政策措施也是贯穿了可再生能源利用的各个环节，从研发到销售。但是，英国的政策有特别之处，那就是对违反可再生能源政策措施的企业实行罚款措施，对非可再生能源通过征收矿物燃料发电税来补贴可再生能源的发展。

（四）印度的财税政策

发达国家在可再生能源利用方面提供财税政策支持的同时，一些发展中国家也纷纷采取了一些政策措施，支持本国可再生能源的发展，具有代表性的是印度。印度作为发展中国家中可再生能源利用较快的国家，其风力发电最快。印度鼓励国内投资和独立发电商的发展，吸引国外投资者向电力部门投资。因此，风力发电被列为印度能源工业的重要项目，并得到迅速发展。印度政府支持风力发电的具体财税政策如下。

1. 财政政策

（1）提供低息贷款。印度风力发电成功的基本经验是政府提供了强有力的政策支持。这些政策主要是建立可再生能源投资公司，该公司专门为可再生能源技术的开发提供低息贷款，以及帮助可再生能源项目进行融资。此外，印度政府还宣布了一揽子特殊的财政优惠政策。负责提供财政支持的主要是非常规能源部和可再生能源开发署。可再生能源开发署设立了专项周转基金，通过软贷款形式资助风电项目。

（2）提供投资补贴。印度政府为降低可再生能源企业的运行成本，特别提供10%～15%的装备投资补贴。

2. 税收政策

（1）免缴增值税。印度为促进可再生能源行业发展，全部免除风电设备制造业和风电业增值税。

（2）关税优惠。印度为降低可再生能源企业的投资成本，对风电整机设备进口提供25%的优惠关税税率，散件进口不征任何关税。

（3）加速折旧。从1992年起，对风力发电设备实行100%的加速折旧政策。

（4）所得税抵免。从1992年起，印度同时规定风力发电企业5年免缴企业所得税等优惠政策。除上述的加速折旧和5年优惠政策之外，工业企业利润用于投资风电的部分可免缴36%的所得税。

（5）其他优惠政策。此外，除上述的税收政策之外，印度的风电项目还可减免货物税、销售税及附加税。总体上，作为一个发展中国家，印度促进可再生能源的政策扶持力度比较大，财政政策措施和税收优惠政策措施都较多，尤其是税收政策措施。其对于研发投入没有相关的财税政策优惠，而进口设备有优惠，这与其关键技术设备依赖进口有关。而美国、德国和英国都有大量的研发投入，也反映了发展中国家在可再生能源的技术、设备上依赖于发达国家，需要进口。

二、国际上海洋能源发展的财税与金融政策

海洋能作为一种新型清洁能源，目前世界上一些发达国家正在积极推动该国海洋能开发，例如，美国电力研究协会（Electric Power Research Institute，EPRI）研究发现，全

美国海洋能发电潜力巨大，单单海浪发电就可以生产100亿瓦电力，占美国电力需求的6.5%，与传统水力发电相当；而海浪、海上风能、潮汐发电可以满足全美国10%的用电量。美国联邦能源监管委员会（Federal Energy Regulatory Commission，FERC）和内政部（Department of Interior）于2009年3月已经着手制定海洋能源开发的准入条件。能源部（Department of Energy）也计划在2010财年度提高海洋发电的研发经费。2010年太平洋电气电力公司（Pacific Gas & Electric Company，PG&EC）在洪堡湾兴建了全美国首个大型海浪发电站，该实验项目2011年运行5个商业化的海浪发电装置，单机发电达100万瓦。

英国政府于2010年3月15日发布了一个《海洋能源行动计划2010》（Marine Energy Action P1an 2010），该计划着重关注2010—2030年间英国将要大力发展的波浪能、潮汐能和潮差技术等问题，鼓励更多的部门和机构参与该项行动。重点强调私营部门和公共部门应当共同行动以促进海洋能技术的开发和实施，努力实现英国的可再生能源战略和低碳产业战略愿景。

三面环海，常年风急浪高的苏格兰更是发出了要打造“海洋能源领域之沙特王国”的口号。苏格兰电力公司于2010年8月从英国皇家资产管理局（Crown Estates）得到许可，在苏格兰的彭特兰湾（Pentland Firth）海域开发一个总发电能力为95兆瓦的潮汐能发电场。彭特兰湾海域拥有世界上最强大的潮汐能。

除此之外，澳大利亚、丹麦等国也在积极规划开发各国的海洋能。

为了促进海洋能的发展，世界各国尤其是海洋能大国都制定了相应的发展战略，提出了明确的发展目标，并通过立法来保证各自战略目标的实现。总结这些国家的经验对加快开发我国海洋能开发和利用具有重要的参考价值。

（一）海洋可再生能源配额制

可再生能源配额制的基本含义是：一个国家或者一个地区的电力建设中，政府用法律的形式对可再生能源发电的市场份额做出强制性规定，并且与配额比例相当的可再生能源电量可在各地区之间进行交易，以解决地区间可再生能源资源开发的差异。目前使用该项制度的国家主要有美国和英国。

美国是实行可再生能源发电配额制度较为成功的国家之一，美国2005年《能源政策法案》规定要求电力公司在其生产的总电力中必须有一定比例的电力来自可再生能源，并且这一比例逐年增加，从而确保可再生能源发电能保有稳定并且持续增长的市场份额。

2000年，英国政府制定并颁布了《可再生能源义务法令》，明确规定供电商在所销售的电力中必须有一定比例来自可再生能源，该比例由政府每年根据可再生能源的发展目标和市场情况等来确定。如果不能完成任务，供电商将要缴纳最高达其营业额10%的罚款。同时，英国建立了配套的可再生能源电力交易制度和市场，每1兆瓦合格的可再生能源电力作为一个计量单位（称为一个ROC）可以在市场上进行交易，通过英国的电力监管局来监督管理。由于英国的供电和发电系统已经在1990年成功地实现了私有化，因此，所有供电商为了达到当年规定的可再生能源电力份额，既可以从可再生能源发电企业购买合

格电力并获得配额（ROC）证书，也可从电力监管局直接购买配额（ROC）证书。但是这样的做法也有一个不足，那便是一旦供电局达到政府规定的份额后，就没有动力再多收购可再生能源发的电，而发电商也不愿去多发电，政府给出的市场份额相当于给出了当年可再生能源的电力发展的上限。

（二）固定电价制度

由于海洋能发电成本一般高于常规能源，所以一些国家采用了固定电价制度，这一制度强制要求电力供应者以政府对海洋能制定的上网电价进行全额收购。实施这一制度的国家主要有德国和西班牙。

2000年4月1日，德国出台了《可再生能源法》，规定了固定电价制度，即电网企业有义务根据可再生能源法规定的价格和期限向可再生能源发电商支付固定的电费，而该电价根据不同资源类型和电厂规模而有所不同，并且明确了不同可再生能源固定电价降低的时间表，按每年设定的比上年降低1.5%～6.5%。

西班牙政府制定小额浮动的固定电价，1998年皇家令规定了额外的可再生能源电价和可再生能源固定电价应每年根据可再生能源发电成本进行调整，但每年电价调整的基本原则是既不能让可再生能源发电商无利可图，又要保证可再生能源电力上网电价在销售电价的80%～90%的范围内浮动。电价调整的具体方法是：每年年底全国所有的可再生能源发电商都要向政府委托负责电价调整的机构（多样性和节能研究所）提交报告，说明本企业可再生能源电力成本的变动情况，负责电价调整的机构根据报告和其他调查资料和信息，计算出下一年两种电价的具体数据。针对不同的可再生能源发电形式，电价都是不同的。但对于一种可再生能源形式，无论项目资源好与坏，执行的都是同样的电价。在立法中充分考虑了保护可再生能源项目开发商和投资者投资利益的问题。

（三）政府财政补贴制度

政府的财政补贴制度是目前各国普遍用于海洋能发展的制度。德国的《可再生能源法》中规定：投资可再生能源项目的企业，可以向地方政府申请总投资20%～45%的投资补贴，可再生能源发展的前期按较高标准补偿，后期按较低标准补偿，补偿期视具体情况而定，对于已具有竞争能力的可再生能源技术，不再给予价格优惠。

丹麦政府一直为本国的海洋能发展提供大量的财政支持，仅2009年和2010年就分别投入7.5亿丹麦克朗和10亿丹麦克朗用于支持海洋能技术的研发，2011—2014年还计划将2500万丹麦克朗用于支持太阳能和波浪能的优先发展。

在《2006年能源报告》中，英国政府宣布了对海洋能义务做长期支持的计划，其中包括对海洋能义务进行分级，其目的是为更多新兴技术（离岸能源、风能和海洋能）提供有针对性的额外支持。

2007年5月，英国政府修改《可再生能源义务法令》，其主要内容包括可再生能源义务将延续到2027年，根据各种技术的发展和成本推出不同的可再生能源义务证书，以刺激新技术的发展，这一新制度将于2013年开始实施。波浪能和潮汐能等新兴技术将从资本补助和其他政策中获得支持。

（四）税收制度

税收制度的种类比较多，但主要分为两类：一类是税收优惠制度，主要通过对海洋能发电企业减免固定资产税、增值税和所得税等方式来体现；另一类是强制性税收制度，如对化石燃料使用者增收税项。实施强制性税收制度的国家主要有英国和瑞士。

英国于1990年开始实行一个称为“非化石燃料公约”（Non - Fuel Obligation，NFO）的计划。该计划的特点在于政府公布可再生能源的项目，通过招投标方式选择项目开发者，竞标成功者将与项目所在地的电力公司按中标价格签订购电合同，由于可再生能源发电成本通常高于常规能源发电成本，对于中标合同电价与平均电力交易市场的价格之差将由政府补贴，补贴的费用来源于政府向电力用户征收的化石燃料税。

丹麦通过对使用化石燃料的用户征收空气污染税，而使可再生能源发电商享受一定的税收优惠。

瑞士从2008年开始对进口化石燃料征收二氧化碳排放税，以促进可再生能源的开发利用，减少二氧化碳排放量。

（五）海洋可再生能源基金制度

通过设立可再生能源基金，为可再生能源的发展提供经济方面的帮助，缓解可再生能源开发者资金不足的压力，提高了可再生能源开发商的积极性。其中美国和澳大利亚在该项制度的施行方面做得较为成功。

美国政府规定了一种公共效益基金制度，该基金是按照零售电力价格的1%～3%直接提取，也包括部分企业的专门捐款。该项公共效益基金主要是为了鼓励可再生能源研发、奖励可再生能源设备安置以及为可再生能源开发企业提供贷款，帮助那些无法通过市场竞争达到融资目的可再生能源项目提供启动资金。

澳大利亚为可再生能源开发利用设立的基金种类较多，主要包括以下几类。

1. 可再生能源基金

可再生能源基金于2008年下半年启动，支持金额为5亿澳元，主要用于将技术从实验室向实际应用转化，提高可再生能源的竞争力和经济潜力。基金鼓励大型商业公司承担将相对成熟的可再生能源技术师范推广的职责，主要内容有三部分：可再生能源发展计划（the Renewable Energy Development Program，REDP）支持可再生能源技术跨越地理障碍，政府向成功的项目投资预期为2000万～1亿澳元；二代生物燃料研发项目，支持二代生物燃料技术研发、推广和早期商业化；地热钻孔计划，促进地热企业，帮助其跨越钻井技术的障碍。

2. 能源创新基金（Energy Innovation Funds，EIF）

能源创新基金将加速清洁能源技术的发展，在未来中长期内减少能源生产和利用产生的排放。基金将支持研究中心和可再生能源商业公司从事清洁能源技术的研发工作。基金将分为两部分：澳大利亚太阳能研究所（Australian Solar Institute，ASI）将帮助澳大利亚在太阳能研发方面的全球领导地位；清洁能源计划（Clean Energy Program，CEP）将发展和促进澳大利亚在清洁能源技术方面的研发能力和知识产权。

3. 可再生能源工业发展（Renewable Energy Industry Development，REID）

REID 于 2003 年开始实施，于 2007 年被新的政策所替代，6 年间总投资约为 600 万澳元。REID 向澳大利亚企业提供补助，企业受到补助的示范项目必须能够促进国内可再生能源产业的发展。产业发展补助通常为 10 万澳元，补助申请者不能接收私人财政或商业利益，项目成果可以在澳大利亚企业界广泛应用。补助用于解决可再生能源发展过程中遇到的市场障碍、可再生能源资源评估以及最佳实践指导、培训、标准设置和相关议题。

三、我国可再生能源发展的财税与金融政策

当前，我国发展面临大有可为的重大的战略机遇期，坚持发展是第一要务的原则，准确地把握战略机遇期内涵的深刻变化，从国家法律、重大政策上扶持海洋能的发展，是全面推进我国能源结构调整和推进国家科技进步的重大举措。

（一）可再生能源发展的财政政策

政府充分发挥其公共职能，支持可再生能源发展，将大大加快可再生能源的发展进程，因此政府的财税政策至关重要。

财税政策作为国家实施宏观调控的重要政策手段，对经济社会发展有着重要的影响。为了减少市场主体在开发利用可再生能源面临的障碍，除法律和行政手段外，还需要政府制定相应的经济政策来发挥作用。财税政策就是运用最广泛、最灵活、最有效的政策工具。

为进一步缓解我国能源供应压力，促进可再生能源的开发利用，财政部出台了《可再生能源发展专项资金管理暂行办法》（以下简称《办法》），明确了政府财政扶持可再生能源的范围、原则、重点及具体办法。财政部出台的此项《办法》，表明了一个强烈的信号，就是在经济高速发展的形势下，国家十分重视能源结构的调整和能源安全，要下决心推进可再生能源发展。

《办法》明确规定采取无偿资助和贷款贴息两种办法，符合国际上财政政策支持可再生能源发展的一般惯例，也是我国公共财政下财政政策支持国家重要产业发展的通行做法。无偿资助实质上是一种政府投资补助，即由政府投资和企业投资、个人投资结合起来共同兴建可再生能源项目；贷款贴息的政府支持力度也许没有无偿补助的力度大，但有利

于更多、更好地利用银行贷款，扩大总体投资规模，降低企业投资成本，因此适用范围更宽，作用不可低估。

1. 中央政府补贴

实施中央政府补贴政策是直接推动可再生能源技术进步和生产规模扩大的有力措施。目前已实施的中央政府补贴政策主要有以下几个方面：一是研究与发展补贴，国家对可再生能源技术的研究开发给予科研经费支持，对关键的可再生能源设备制造的产业化给予补助，支持新技术的示范项目建设和设备的国产化；二是项目补贴，中央政府通过不同的渠道对可再生能源项目进行补贴，如用沼气系统、省柴灶推广，小水电、小风电机和光伏发电示范和推广工作等；三是电力上网补贴，自 2010 年起，每年新批准和核准建设的发电项目的补贴电价比上一年新批准和核准建设项目的补贴电价递减 2%。

此外，我国还规定了由财政直接给予可再生能源产品的价格补贴，较典型的是对节能型新能源汽车的价格补贴。2010 年由国家财政部、科技部、工业和信息化部、国家发改委共同制定的《私人购买新能源汽车试点财政补助资金管理暂行办法》中，对私人购买和使用新能源汽车的财政补贴进行了较为详细的规定，由中央财政安排补贴资金对符合条件的私人直接购买、整车租赁和电池租赁按照购买、使用数量进行价格补贴。

2. 地方政府补贴

地方政府的补贴在可再生能源技术发展中起着决定性的作用。由于资源条件和对可再生能源发展认识的差异，各地政府对可再生能源的补贴政策有较大差异。但各地都对用沼气系统、省柴灶的推广应用采取了补贴措施，部分地区对小型风电机和小型光伏发电系统的推广给予了较大的补贴扶持。如内蒙古牧民购买一套 100 瓦风力发电机或 16 瓦光伏系统补贴 200 元，青海省每套光伏系统补贴 300 元，甘肃省每套光伏系统由地方财政和光电基金补贴 300 元。

3. 中央财政贴息贷款

贴息贷款制度在我国《可再生能源法》的第二十五条进行了较为原则性的规定，国家对列入产业指导目录且符合信贷条件的可再生能源项目给予一定的贴息贷款。《可再生能源发展专项资金管理暂行办法》第十七条第二款较为详细地规定了贴息贷款的方式，除了满足前述条件，安排贴息资金还应当符合银行贷款到位、申请主体已支付利息的条件等。

贴息贷款适用范围比较广，对列入国家可再生发展指导目录、符合信贷条件的项目，经项目承担单位或个人的申请，由地方可再生能源归口管理部门会同地方财政部门逐级向国家归口管理部门和财政部申报。通过专家评议等方式，最终由财政部根据我国可再生能源专项资金的预算安排进行审批。贴息贷款的资金来自可再生能源发展专项资金，通过中央财政预算支出。例如，国家发改委每年拥有 1.2 亿元的贴息贷款用于支持可再生能源产业发展，水利部有 3 亿元左右的贴息贷款用于小水电的发展。

同时，针对不同的可再生能源产业，政府部门也制定了相应灵活的其他贴息贷款政策。例如，在生物质能方面，国家财政部在 2007 年制定了《生物能源和生物化工非粮引

导奖励资金管理暂行办法》，其中规定了对以非粮食为原料的生物质能产业项目进行建设期的贴息贷款。符合条件的示范企业可以向当地财政主管部门进行申请贴息贷款，经过审核并达到一定标准的在建示范项目给予全额贴息。财政贴息资金由财政部拨付至项目所在地的省级财政部门，由省级财政部门将贴息资金转拨给项目单位或个人，贴息资金由中央财政支出。

4. 地方财政贴息贷款

地方政府根据自身可再生能源发展情况，结合当地特点，也有制定贴息贷款政策的做法，其存在形式主要规定在各级政府制定的有关可再生能源与新能源的发展规划中。

5. 国债投入

利用国债资金是临时性的政策扶持，只是针对具体几个项目而言的。例如，原国家经贸委的国债风电项目利用 2000 年国家重点技术改造项目计划（第四批国债专项资金项目），建设 8 万千瓦国产风力发电机组示范风电场。

（二）可再生能源发展的税收政策

1. 国家税收优惠政策

我国对可再生能源产业的税收减免政策在《中国新能源和可再生能源发展纲要（1996—2010）》中较早提出，国家给予新能源生产或使用者减免税的优惠政策，以节约化石能源，改善环境条件。根据 1997 年颁布实施的《中华人民共和国节约能源法》（以下简称《节约能源法》），财政部等部门制定了对可再生能源产业给予不同程度的税收减免优惠。2008 年 12 月，由财政部与国家税务总局共同出台的《关于资源综合利用及其他产品增值税政策的通知》中规定，对风力发电的电力，增值税实行即征即退 50%，销售自产综合利用的生物柴油，增值税先征后退。同年 9 月，国家财政部、税务总局共同制定的《关于执行资源综合利用企业所得税优惠目录有关问题的通知》中规定，企业以《资源综合利用企业所得税优惠目录》中的资源为主要材料，生产符合《目录》中规定的国家或相关行业标准的产品所取得的收入，计算时减按 90%应纳税所得额计入当年收入总额。2006 年实施并在 2009 年进行修订的《可再生能源法》第 26 条已明确提出：国家对列入可再生能源产业发展指导目录的项目给予税收优惠。具体办法由国务院规定。但至今国务院尚未制定具体的实施办法。2008 年国家发改委制定的《可再生能源发展“十一五”规划》中也提出了国家对可再生能源的开发利用、技术研发以及设备生产等给予税收优惠。

2. 我国可再生能源具体税收政策

（1）增值税。2001 年 1 月 1 日起，对属于生物质能源的垃圾发电实行增值税即征即退政策；对风力发电实行增值税减半征收政策；2005 年起，对国家批准的定点企业生产销售的变性燃料乙醇实行增值税先征后退；人工沼气的增值税按 13%计征；对县以下小型水力发电单位生产的电力，可按简易办法依照 6%征收率计算缴纳增值税；对部分大型水电企业实行增值税退税政策。

（2）消费税优惠。2005年起，对国家批准的定点企业生产销售的变性燃料乙醇实行免征消费税政策。部分税收优惠政策虽然仅适用于个别企业，但起到了很好的示范作用。

（3）进口环节税收优惠。自1988年1月1日起，国务院决定对国家鼓励发展的国内投资项目和外商投资项目进口设备，在规定范围内免征进口关税和进口环节增值税。在这两个项目中包括了部分可再生能源设备，主要是适用于风力发电机与光伏电池。

（4）企业所得税优惠。企业利用废水、废气、废渣等废弃物为主要原料生产的产品，如利用地热、农林废弃物生产的电力、热力，可在5年内减征或免征所得税；对符合国家规定的可再生能源利用企业实行加速折旧、投资抵免等方式的税收优惠；根据《外商投资企业和外国企业所得税法》的规定，对设在沿海经济开放区和经济特区、经济技术开发区所在城市的老市区或者设在国务院规定的其他地区的外商投资企业，开发可再生能源利用项目的，减按15%的税率征收企业所得税；根据西部大开发的有关政策，设在西部地区的可再生能源开发企业，享受减按15%的税率征收企业所得税优惠等。2008年1月1日起施行的新《企业所得税法》对资源综合利用、环境保护、节能节水等继续给予税收优惠。该法规定，企业综合利用资源，生产符合国家产业政策规定的产品所取得的收入，可以在计算应纳税所得额时减计收入；企业购置用于环境保护、节能节水、安全生产等专用设备的投资额，可以按一定比例实行税额抵免。另外，我国大部分地区对风电机占地采取了减免土地税和土地划拨政策，实际上风电机组征地是零费用。

（5）其他的地方性税种。一些地方考虑以加快设备折旧的方式来减少企业的所得税，部分地区对风电机组占地采取了减免城镇土地使用税。

（三）可再生能源的电价政策

可再生能源电价的主要政策是关于上网电价、接网费用和电价附加及收入分配3部分。具体内容以及相关风电，光伏发电和生物质发电的电价政策在本书第三章给出了介绍。

1. 现行电价政策与可再生能源发电

（1）我国电价监管部门对可再生能源支持的力度在逐步加大。目前，进入公共电网的可再生能源电力都要由政府物价主管部门审定。进入省级电网的由国家发改委审批。进入市（县）级独立电网的由省级政府物价主管部门审定。由于小水电大多进入市（县）级独立电网，因而小水电价格大多由地方政府监管。公用风电由于实验性较强，较多接入省级电网，因而其上网电价大多由国家发改委审定。可再生能源上网电价的定价方法，与其他常规能源发电价格是一致的，即原来为还本付息电价，现在为经营期电价。此外，近来在风电行业开始试行招标制，相应的，新建的几个风电企业上网电价也实行了招标制。到目前为止，只要是经过国家发改委批准的可再生能源发电项目，其上网电价都是按经营期电价或还本付息电价方法确定的，因而价格水平均大大高于常规电源。最近实行了招标制的几个风电项目，招标确定的上网电价虽有较大幅度降低，但仍达0.50元左右/千瓦时，高

于上网电价平均水平近50%。

（2）系统性的政策构架尚未形成。2003年，在国务院已批准的《电价改革方案》中，提出了风能、地热等可再生能源发电企业暂不参加市场竞争，“条件具备时”可采取类似“绿色证书交易”的解决办法。问题是与发达市场经济国家相比，中国市场体系不健全，市场发育程度低，法制基础差，“绿色证书交易”的条件在短期内不可能具备。《可再生能源法》又提出了可再生能源发电“强制性配额”“分地区制定上网电价标准”“可再生能源与常规能源的成本差额在全社会分摊”等支持措施。但“强制性配额”如何确定和落实，分地区的上网电价标准如何制定，可再生能源与常规能源的成本差额在全社会分摊采取什么方式等，均有待具体的政策措施。

2. 我国现行可再生能源电价附加补贴政策规定

《可再生能源法》实施以来，国家有关部门已研究和制定了一系列配套措施，先后颁布了《可再生能源发电价格和费用分摊管理试行办法》和《可再生能源电价附加收入调配暂行办法》，国家通过价格政策促进和引导可再生能源发电项目的发展，鼓励优先开发资源好的地区，有力地促进了可再生能源产业发展。

（1）现行可再生能源发电项目定价机制。相关文件规定了各类可再生能源发电定价机制，明确风电的上网电价实行政府指导价，电价标准由国务院价格主管部门按照招标形成的价格确定；生物质能发电实行政府定价，电价标准由各地区2005年脱硫燃煤机组标杆上网电价加0.25元/千瓦时；生物质能发电通过招标确定的生物质发电项目，上网电价按中标价格执行，但不得高于所在地区的生物质能标杆电价；太阳能、海洋能和地热能发电按照合理成本加合理利润的原则制定。

（2）现行可再生能源费用分摊和配额交易制度。我国已初步建立了可再生能源发电费用分摊制度，规定电网公司在终端销售电价中按照统一要求收取一定费用，专立账户，用于支付收购可再生能源电力费用高于常规能源的部分。对收取的可再生能源电价附加金额小于应支付电价补贴金额的省份，国家有关部门按照短缺金额颁发同等额度的可再生能源电价附加配额证，以电网企业之间配额交易的形式实现附加资金的统一平衡。

（3）其他相关支持可再生能源发展的配套措施。国家为了鼓励可再生能源发电项目产业的发展，在设备选取型和财税方面也制定了相关配套措施。例如，国家已明确规定风电企业所发电量结算时增值税税率由17%减半征收，即按8.5%的销项税率征收，现行政策还规定风电场通过特许权招标的项目，要求国内风电项目国产化比例不小于70%，以扶持和鼓励国内风电制造业的发展。

四、发展我国海洋能产业的财税与金融政策建议

（一）增加财政对海洋能产业发展的投入

首先，要加强政府对海洋能基础研究活动领域的投入，基础研究一般不能直接产生经济效益，作为市场主体的企业往往不愿或无力对其进行投资，但它是新的创新思想、技术

方法的源泉，政府应从社会整体利益出发，充分发挥政府财政投入的支持和引导作用，直接投资基础研究与开发投入经费活动，才能不断推动海洋能的发展。

其次，要加强对技术平台建设的投入，在海洋能发展重点领域搭建共性技术平台，如建立研究开发中心、专业实验室、大型科研条件协作平台、科技投融资服务平台、孵化器平台和信息库等，可使许多海洋能技术创新活动普遍受益，有力地推动海洋能技术创新的发展。

（二）调整和完善有利于海洋能发展的税收支持体系

1. 系统规划设计税收优惠政策

税收优惠政策应当与海洋能相关产业发展密切配合，根据海洋能产业发展的特点，突出政策重点，尽量发挥有限税收政策资源的最大效能，实现税收政策资源的优化配置。在进行系统设计时应从以下 3 个层次去考虑。

（1）在海洋能产业化发展的不同阶段，税收优惠的侧重点应有所不同。

（2）海洋能相关产业进程的不同阶段所涉及的税种不同，税收优惠的具体方式也应有别。如对企业所得税可采取加速折旧、税项扣除、投资抵免等间接税收优惠方式，而对增值税、营业税则选择减免税、退税等直接税收优惠方式。

（3）要根据经济发展情况动态调整税收优惠政策的扶持范围，实现动态鼓励与静态鼓励的统一。

2. 税收优惠环节由结果环节向中间环节侧重

长期以来有关税收优惠政策的重点都集中在生产、销售两个环节，实际上是针对结果的优惠，而对创新的过程并不给予优惠。实际上，一国科技进步的进程在很大程度上取决于对创新环节的投入，从科技创新发展的特点来看，其事前投入大，风险也大，此过程是最需要税收扶持的。今后的税收优惠政策应把重点落在海洋能产业发展研究开发、技术转化环节上，以促进海洋能科技创新机制的形成和完善。

3. 采取多样化的科技税收优惠方式，逐步由直接优惠为主向间接优惠为主转变

直接优惠与间接优惠各有特点，应扬长避短，充分发挥各自的优势。现行的税收优惠政策是以直接优惠方式为核心，重点在减税、免税、优惠税率和税收扣除等直接优惠方式上花大力气做文章，而在加速折旧、盈亏结转、税收还贷、延期纳税和特定准备金方面没有大的举措，直接优惠多，间接优惠少。其特点是对应纳税额的直接免除，政策透明度高，便于征纳双方操作，但它造成政府税收收入的直接减少，而且较容易产生税法漏洞，引起避税行为间接优惠包括加速折旧、投资抵扣、亏损结转、费用扣除、提取风险准备金等，它虽然在一定时期减少了政府应征税收，但政府保留今后对企业所得的征税权力，对企业来说主要是延迟了应纳税的时间，相当于从政府那里获得了一笔无偿贷款。而且间接优惠具有较好的政策引导性，有利于形成“政策引导市场，市场引导企业”的有效优惠机制。

（三）调整和完善有利于海洋能产业发展的金融支持体系

1. 海洋能开发市场融资制度

海洋能开发项目建设初期需要很高的资金投入，具有一定困难，在发展初期多为政府的财政投入，我国于20世纪五六十年代建造的潮汐电站全部是由国家全额投资建成的。但是，政府财政融资显然不能完全解决可再生能源发展资金匮乏的问题，随着海洋能发展逐步走向产业化，在该领域进行市场融资完全有必要。而以法律法规的形式将市场融资制度固定下来可以推动其向规范化的方向发展。

可再生能源使用不仅要关注前期投入，还应当将其使用周期考虑进去。通常海洋能开发第一次投入极大，远远超出普通化石能源的开发成本，但是建好之后，使用周期越长，节约的费用就越多，在其整个使用周期内并不比化石能源贵。

开发海洋能可选的融资模式有以下两种：

（1）BOT（Built－Operate－Transfer）模式。BOT模式即“建设-经营-转让”，其基本思路是：由政府或所属机构对项目的建设和经营提供一种特许权协议（concession agreement）作为项目融资的基础。由本国或外国公司作为项目的投资者和经营者安排融资，承担风险，开发建设项目，并在有限时间内经营项目获取利润，最后根据协议将该项目转让给相应的政府机构。这种融资模式适合由国外公司或合资公司来我国投资开发海洋能，因为海洋能的开发项目技术水平较高，我国在某些方面的技术可能还不够成熟，这样可以吸引国外某些海洋能技术较好的公司来我国开发，既可以帮助我国发展技术，还可以帮助政府大大减轻财政负担。

（2）政府参股的项目融资。除了以上所述融资方法，随着海洋能开发的进一步市场化，为了使更多民营企业投资海洋能开发，除了直接性的政府补贴和专项资金，可以采取政府参股但不参与管理的模式吸引民间资金进行项目融资，政府参股的股权限定在一定范围和时间内，到期限后政府将股权归还企业。这样不仅解决了海洋能开发成本高导致的一般民营企业不敢投资的问题，另外还减轻了企业贷款的压力，并且在运营稳定后政府交还股权也使得企业有信心看到更大的获利空间。因此该种方法也是一种良好的融资方式。

2. 充分发挥银行的支持作用

各商业银行向海洋能发展提供金融支持的出发点应是以效益为中心，加大信贷投入，健全中介服务机构，建立支持海洋能发展进步的多渠道的投融资体系，完善产业发展内部运行机制，促进海洋能发展成果商品化、产业化。改变传统信用抵押担保模式，重视人才资本、知识资本在海洋能产业发展中占有较大份额的客观实际，创新形式多样的贷款担保方式，满足海洋能发展的融资需求。同时，商业银行可尝试牵头组建专门的海洋能发展贷款担保公司，由银行、企业、社会机构和政府部门各方共同参与，设立专门的海洋能发展贷款担保公司，这在政府导向和宏观政策的支持中是非常重要的。

3. 海洋能发展基金制度

海洋能产业发展对于资金的大量需求，必然要求金融体系要提供效率高、规模大的金融支持，以促进海洋能产业的快速健康发展。

为了促进海洋能的发展，财政部会同国家海洋局制定《海洋可再生能源专项资金管理暂行办法》(以下简称《办法》) 并于 2010 年 6 月实行。根据《办法》申请到的海洋可再生能源专项资金主要是针对海洋能项目开发，而该发展基金则可主要用来支持海洋能技术的研究、开发前期的调研和评价，以及建成运行之后的跟踪调查等辅助项目。该发展基金可以由国家海洋局海洋能管理部门专门负责，统一审批。这是专门针对海洋能的一项专门财政政策，为当前海洋能的发展建设起到至关重要的作用。

《办法》制定的目的是加强海洋能专项资金的管理，加快推进我国海洋能开发利用工作的顺利进行。在《办法》第十条提到“根据我国海洋能发展需求以及海洋能开发利用相关规划，由国家海洋局负责会同财政部组织专家编制、发布年度专项资金申报指南”，为了规范专项资金项目的立项申报工作，根据《办法》配套制定《海洋可再生能源专项资金项目申报指南》，至今已经制定了 2010 年和 2011 年两个年度的专项资金项目申报指南。

4. 建立海洋能发展风险投资机制

要促进海洋能产业化发展，反映在金融方面就是建立支持海洋能产业化发展的风险投资体系，培育和发展促进资本与海洋能发展技术相结合的一套新的金融机制和模式，这不仅对提高经济竞争力的长远战略目标会起到积极的作用，也是调整全社会的融资、投资布局，改善金融结构、机制的重要举措。

第八章　海洋能科技创新与产业技术发展

一、海洋生产总值情况统计（2010—2014年）

据初步核算，2014年全国海洋生产总值59936亿元，比上年增长3.3%，海洋生产总值占国内生产总值的9.4%，如图8-1所示。其中：海洋产业增加值35611亿元，海洋相关产业增加值24325亿元。海洋第一产业增加值3226亿元，第二产业增加值23049亿元，第三产业增加值29661亿元，海洋第一、第二、第三产业增加值占海洋生产总值的比重分别为5.4%、45.1%和49.5%。据测算，2014年全国涉海就业人员3554万人。

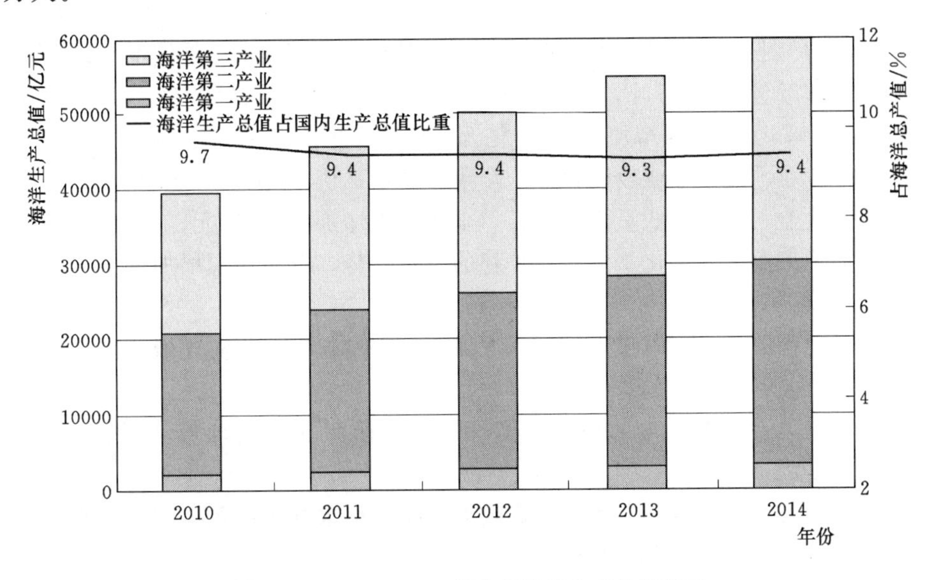

图8-1　2010—2014年全国海洋生产总值情况

（资料来源：《2014年中国海洋经济统计公报》）

二、主要海洋产业发展情况

2014年，我国海洋产业总体保持稳步增长。其中，主要海洋产业增加值25156亿元，比上年增长8.1%；海洋科研教育管理服务业增加值10455亿元，比上年增长8.1%。具体情况如图8-2所示。

2014年主要海洋产业发展情况如下：

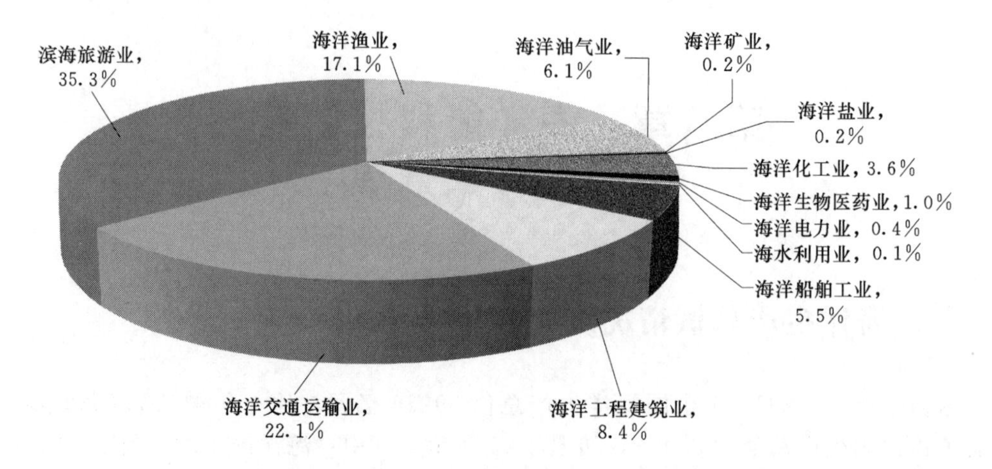

图 8-2　2014 年主要海洋产业增加值构成图

（资料来源：《2014 年中国海洋经济统计公报》）

（1）海洋渔业。海洋渔业整体保持平稳增长态势，海水养殖产量稳步提高，远洋渔业快速发展。全年实现增加值 4293 亿元，比上年增长 6.4%。

（2）海洋油气业。海洋油气产量保持增长，但受国际原油价格持续下跌影响，增加值减少。海洋原油产量 4614 万吨，比上年增长 1.6%，海洋天然气产量 131 亿立方米，比上年增长 11.3%。全年实现增加值 1530 亿元，比上年下降 5.9%。

（3）海洋矿业。海洋矿业较快增长，全年实现增加值 53 亿元，比上年增长 13.0%。

（4）海洋盐业。海洋盐业呈现负增长，全年实现增加值 63 亿元，比上年减少 0.4%。

（5）海洋化工业。海洋化工业保持平稳的增长态势，全年实现增加值 911 亿元，比上年增长 11.9%。

（6）海洋生物医药业。海洋生物医药业保持较快增长，全年实现增加值 258 亿元，比上年增长 12.1%。

（7）海洋电力业。海洋电力业发展势头良好，全年实现增加值 99 亿元，比上年增长 8.5%。

（8）海水利用业。受益于一系列产业政策影响，海水利用业取得较快发展，全年实现增加值 14 亿元，比上年增长 12.2%。

（9）海洋船舶工业。海洋船舶工业加快调整转型步伐，发展呈现上扬态势。全年实现增加值 1383 亿元，比上年增长 3.6%。

（10）海洋工程建筑业。海洋工程建筑业保持平稳增长，全年实现增加值 2103 亿元，比上年增长 9.5%。

（11）海洋交通运输业。我国沿海规模以上港口生产总体保持平稳增长，但航运市场延续低迷态势，海洋交通运输业运行稳中偏缓。全年实现增加值 5562 亿元，比上年增长 6.9%。

（12）滨海旅游。滨海旅游继续保持较快发展态势，邮轮游艇等新兴旅游业态发展迅速。全年实现增加值 8882 亿元，比上年增长 12.1%。

三、我国海洋科技发展面临的机遇与挑战

自20世纪80年代以来，国务院各相关部门先后启动了攀登计划、国家重点基础研究发展计划（933计划）、国家高新技术研究计划（863计划）、科技支撑计划以及相关专项等海洋领域重要的研究计划项目。进入21世纪，《国家海洋事业发展规划纲要》《国家中长期科学和技术发展规划纲要（2006—2020年）》《国家“十一五”海洋科学和技术发展规划纲要》《全国科技兴海规划纲要（2008—2015年）》《可再生能源发展“十二五规划”》《全国海洋功能区划（2011—2020年）》《全国海洋经济发展“十二五”规划》等相继颁布实施，同时国家也出台了一些财政上的支持措施，如《海洋可再生能源专项资金管理暂行办法》等。以上这些规划、纲要、法规的顺利实施标志着我国海洋科技事业进入了蓬勃发展时期。为此，国家联合各方力量，加大对海洋能科技创新和产业发展的支持，力争使我国成为海洋科技强国。

（一）我国海洋科技发展面临的机遇

1. 国家颁布和实施的纲领性文件

2015年政府工作报告指出：我国是海洋大国，要编制实施海洋战略规划，发展海洋经济，保护海洋生态环境，提高海洋科技水平，加强海洋综合管理，坚决维护国家海洋权益，妥善处理海上纠纷，积极拓展双边和多边海洋合作，向海洋强国的目标迈进。涉及的相关战略规划有：《国家海洋事业发展规划纲要》《国家中长期科学和技术发展规划纲要（2006—2020年）》，针对海洋科技自主创新能力与国外存在较大差距的现状，对海洋科技发展做出了全面规划和部署，把海洋技术列为中长期科技发展的5个重点任务之一；《国家“十二五”海洋科学和技术发展规划纲要》对我国2011—2015年海洋科技发展进行了总体规划；《全国科技兴海规划纲要（2008—2015年）》推进海洋科技成果转化与产业化，加速发展海洋产业，支撑、带动沿海地区海洋经济又好又快地发展；《全国海洋功能区划（2011—2020年）》对我国管辖海域未来十年的开发利用和环境保护作出全面部署和具体安排；《可再生能源发展“十二五规划”》指出，“十二五”时期，可再生能源将新增发电装机1.6亿千瓦，其中常规水电6100万千瓦，风电7000万千瓦，太阳能发电2000万千瓦，生物质发电750万千瓦，到2015年可再生能源发电量争取达到总发电量的20%以上；《全国海洋经济发展“十二五”规划》提出，“十二五”时期我国海洋科技创新能力进一步加强，2015年海洋科技成果转化率达到50%以上，海洋科技对海洋经济的贡献率达到60%以上；《海洋可再生能源专项资金管理暂行办法》加强海洋能专项资金的管理，提高资金的使用效益，扶持各种海洋能示范项目。

2014年3月在北京召开的“十三五”海洋领域科技发展研讨会上，海洋领域的负责人介绍了“十三五”海洋领域科技发展战略研究的任务部署情况和计划安排，深入探讨了我国海洋科技“十三五”重点发展方向、发展目标、重大任务等方面内容，完成《海洋技术领域国内外技术竞争综合研究报告》和《海洋技术领域备选技术清单》的编制，为“十三五”海洋领域科技发展规划的编制打好基础。

进入21世纪后，国家把发展海洋经济已上升为发展国家战略规划的蓝色经济，一系列重大科技规划的制定和实施，为加快海洋科技发展，建设海洋强国，实现2050年远景目标奠定了政策基础，标志着我国海洋科技事业进入快速发展的机遇期。

2. 海洋科技创新发展基础雄厚

2014年3月22日，我国首个反映海洋经济和海洋事业整体发展水平的量化指标报告《中国海洋发展指数报告（2014）》（以下简称《报告》）在北京发布。有别于以往中国海洋发展指数报告的是，《报告》通过6个子指数、35个评价指标对一定时期中国海洋经济和海洋事业整体发展水平，首次进行了全面的量化评价。指数以2010年为基期，基期指数设定为100。指数评价体系包括6个子指数，分别为经济发展、社会民生、资源支撑、环境生态、科技创新和管理保障。

由图8-3可看出，近年来中国海洋科技创新能力稳步提升。2013年，中国海洋发展指数科技创新指数为115.5，比2012年增长5.5，2010—2013年年均增速为4.9%。其中，经济发展子指数为115.3，社会民生子指数为122.1，资源支撑子指数为126.0，环境生态子指数为106.7，科技创新子指数为113.0，管理保障子指数为111.6。

2014年5月，国家海洋局局长刘赐贵表示，我国将深入实施科技兴海战略，以培育海洋战略性新兴产业发展为重点，引领带动海洋经济向质量效益型转变。《全国科技兴海规划纲要（2008—2015年）》提出，到2015年，科技成果转化率提高到50%以上，取得一批海洋产业核心技术。《全国海洋经济发展“十二五”规划》进一步提出，到2015年，海洋科技对海洋经济的贡献率达到60%以上。

海洋科技创新是转变海洋资源开发方式，促进海洋经济转型升级的核心要素和重要支撑力量。近年来，科技创新对海洋经济的引领作用越发明显：海水养殖由近海向远海快速拓展；海洋生物制品向高值化、高端化发展，拓展了海洋生物材料等新的产业链，环境友好型的生产工艺大大提升了产品附加值；海洋生物医药产业增加值比上一年增长20.3%。一批海洋装备产品国际竞争能力显著提升，加快了海洋装备产业结构调整的力度；海水利用技术产业化水平进一步提高，产业较快发展；海洋能和海上风电项目有序推进。

目前，我国已拥有用于3000米深海资源探索的“蛟龙号”、3000米水深作业的“海洋石油981”钻井平台等一系列“深海重器”，经略海洋的深度正在不断扩展。中国科学院海洋领域战略研究组发布的《中国至2050年海洋科技发展路线图》指出，当前新一轮的海洋竞争已完全不同于以往任何一次海洋竞争，海洋科技水平和创新能力在未来的海洋竞争中将占据主导地位。可以说，科技的高度决定了海洋开发的广度和探海的深度。

3. 海水淡化技术取得突破性进展

近年来，我国海上风能等海洋能开发装备初步实现产业化，海水淡化和综合利用等海洋化学资源开发初具规模，装备技术水平不断提升。在海水淡化技术方面，早在20世纪50年代末，我国政府就认识到解决水资源短缺问题、向大海要水的重要意义，开始组织科技队伍探索海水淡化技术。在国家的支持和推动下，历经半个多世纪的持续攻关，我国海水淡化技

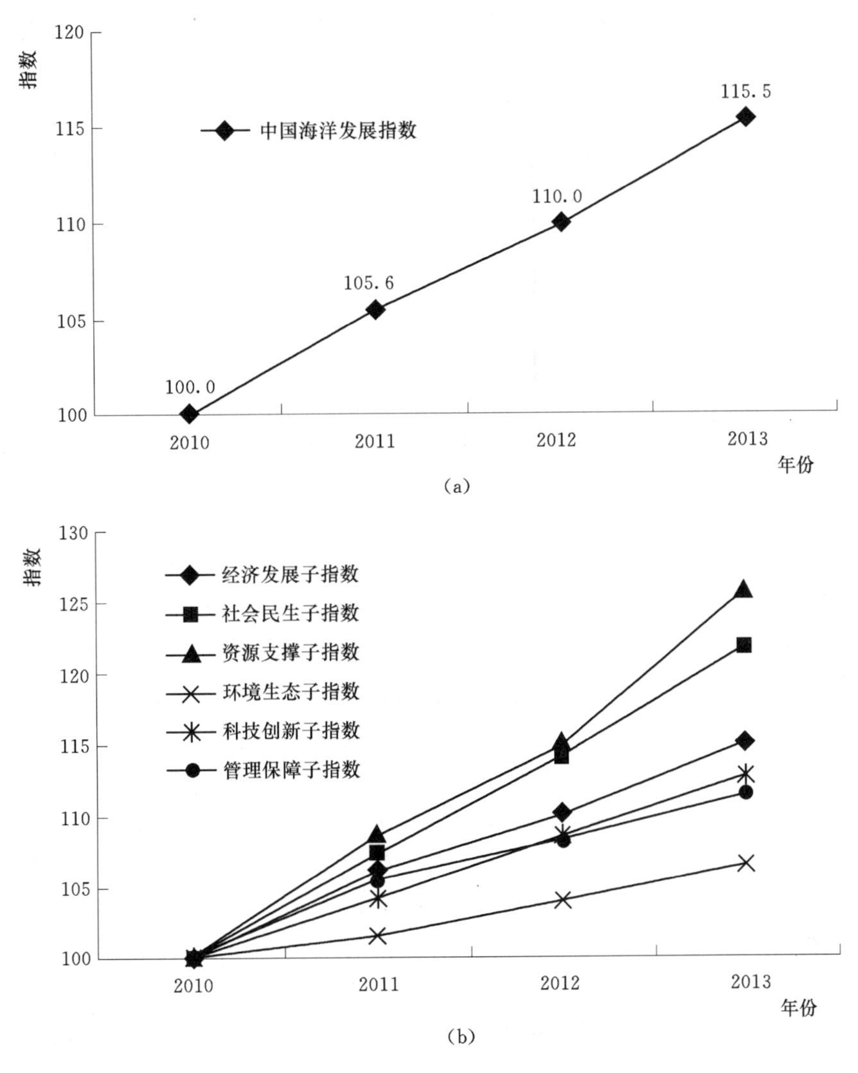

图 8-3　中国海洋发展指数

术取得了突破性进展。目前已全面掌握反渗透和低温多效海水淡化技术，具备日产万吨级海水淡化装置设计和工程成套能力，正在福建古雷建设日产 10 万吨反渗透海水淡化工程。

“八五”之前，主要针对反渗膜及膜组器、小型海水淡化装置研制进行了探索和研究，为自主海水淡化技术发展奠定了基础。“九五”期间，反渗透海水淡化技术取得突破，相继建成百吨级、千吨级示范工程，我国第一座日产 500 吨反渗透海水淡化工程于 1993 年在浙江嵊泗建成，随后又相继在山东长岛、大连长海等地完成了多个日产 1000 吨反渗透海水淡化示范工程；建成日产 60 吨低温双效压汽蒸馏工业试验装置。“十五”期间，完成山东荣成日产 5000 吨反渗透海水淡化示范工程；攻克千吨级低温多效海水淡化技术。2004 年，在山东黄岛电厂建成了我国首个日产 3000 吨低温多效海水淡化装置。“十一五”期间，主要开展了万吨级海水淡化技术研究及工程示范，先后建成具有自主知识产权的浙江六横单套日产 1 万吨反渗透和河北黄骅日产 1.25 万吨低温多效海水淡化工程，并自主设计制造了 4 台日产 3000 吨和 2 台日产 4500 吨低温多效海水淡化装置出口印度尼西亚，相关技术达到国际先进水平。

除开展海水淡化技术研发外，我国还本着发展循环经济、构建产业链条的理念，着眼于海水资源综合利用，组织开展了海水循环冷却、大生活用海水和海水化学资源利用等技术研究，建成了多个自主示范工程，取得了丰硕成果。

4. 装备保障是基础和核心竞争力

近年来，我国海工装备的档次不断提升。在中国南海，“海洋石油 981”的投入使用打破了国外在深水钻探领域的垄断局面；在挪威北海，中集来福士交付的深水半潜钻井平台 4 次获得“最佳月度平台”。目前，我国海工产品接单量已经占据全球市场超过 30％的份额。2010 年，“蛟龙号”载人深水器顺利完成 3000 米级海试，使我国具备了在全球 99.8％的海洋深处开展科学研究、资源勘探的能力。截至 2015 年，“蛟龙号”已完成 100 次下潜。在专家眼中，“蛟龙号”无疑已成为海洋装备的形象代言人。

中国海洋大学经济学院副院长刘曙光表示，海洋是相对完整的巨型复合生态系统，海洋资源的开发利用需要对海洋的系统认知，海洋装备是基础。2014 年，工业和信息化部装备司副司长李东表示，目前我国已基本实现浅水油气装备的自主设计建造，部分海洋工程船舶已形成品牌，深海装备制造取得一定突破，部分装备已具备世界水平。专家预测，随着近两年一些企业技术引进消化吸收期的结束，能够更好地控制成本提升利润率，加上全球需求复苏，中国海工企业将迎来快速发展。

中国海洋发展指数由国家海洋信息中心、新华（青岛）国际海洋资讯中心及国家金融信息中心指数研究院三方联合研制，数据主要来源于国家海洋局、国家统计局和相关行业主管部门。根据指数编发的报告还显示，近年来中国海洋机构和从业人员队伍不断壮大，2013 年海洋科技人员为 32349 人，比 2010 年增长 9.0％；海洋科研经费投入逐年提升；2013 年海洋科技项目获国家、省部级科技成果奖的数量比 2010 年显著增加，2013 年海洋专利授权数达 3430 项。所有这些，都大大有效促进了海洋科技创新能力的提高。

5. 海洋生物技术取得突破性进展

我国在海洋生物学基础研究理论和资源调查、重要养殖品种培育、品种引进与驯化、人工育种和养殖技术等方面进行了大量研究，逐步形成了世界上规模最大的藻类、虾类、贝类和鱼类养殖产业。

陆续攻克了多种重要的经济动植物苗种繁育关键技术，培育出了“黄海 1 号”中国对虾、“大连 1 号”杂交鲍、“蓬莱红”栉孔扇贝，“荣福海带”“中科红”海湾扇贝、“981”龙须菜等一系列海水养殖动植物新品种；建立起一套比较成熟的紫菜游离丝状培养和育种技术，以及利用叶状体体细胞快速繁育和育苗技术；开展了微生物代谢工程与生物基产品开发、生物基化学品的生物炼制技术等工业生物技术；构建了中国对虾、栉孔扇贝、海湾扇贝、牡蛎、大黄鱼、海胆等的遗传连锁图谱，并在皱纹鲍和海湾扇中实现了生长等重要 QTLs 的初步定位；建立了与国际接轨的海洋生物功能基因研究技术平台，实现了药用、养殖品种改良和病害防治功能基因资源产权零的突破，获得了一批具有产业化潜力的功能

基因和高质量的cDNA文库，进行了大规模基因测序；利用生物信息学技术，建立具有中国资源特色的基因数据库，为海洋生物基因资源开发和推动产业化发展奠定了产权和技术基础；海洋药物研发和海洋资源高质量化利用取得长足进展，研发的褐藻多糖硫酸酯、海昆肾喜胶囊等4个纯天然海洋药物获得国家新药证书。

6. 经济实力的提高为海洋科技发展奠定基础

2014年，国内生产总值达到63.6万亿元，比上年增长3.4%，在世界主要经济体中名列前茅。改革开放以来，我国的经济实力显著提高，对海洋科技的投入力度空前加大，实施了一系列的重大科技专项。主要有国家重点基础研究发展计划（933计划）、国家高新技术研究计划（863计划）、国家科技支撑计划、国家自然科学基金计划和项目，为海洋科技的发展创造了条件。

（1）国家重点基础研究发展计划（973计划）。“973计划”的战略目标：加强原始性创新，在更深的层面和更广泛的领域解决国家经济与社会发展中的重大科学问题，以提高我国自主创新能力和解决重大问题的能力，为国家未来发展提供科学支撑。

“973计划”的主要任务：一是紧紧围绕农业、能源、信息、资源环境、人口与健康、材料等领域国民经济、社会发展和科技自身发展的重大科学问题，开展多学科综合性研究，提供解决问题的理论依据和科学基础；二是部署相关的、重要的、探索性强的前沿基础研究；三是培养和造就适应21世纪发展需要的高科学素质、有创新能力的优秀人才；四是重点建设一批高水平、能承担国家重点科技任务的科学研究基地，并形成若干跨学科的综合科学研究中心。

表8-1梳理了2011—2015年“973计划”中涉海项目，这些项目分别围绕资源开发、海洋安全、防灾减灾等国家重大需求，开展了一系列的科学研究，取得了高水平的成果，促进了海洋科学基础研究的发展，为海洋科学与技术的发展和海洋经济的发展提供了强有力的支撑，同时促进了中国海洋领域与国际海洋学界的广泛交流与合作。

表8-1　2011—2015年海洋领域国家“973计划”项目一览表

序号	项目编号	项目名称	承担单位	首席科学家	经费/万元
1	2015CB251200	海洋深水油气安全高效钻完井基础研究	中国石油大学（华东）	孙宝江	1680.00（前两年）
2	2015CB453300	近海环境变化对渔业种群补充过程的影响及其资源效应	中国水产科学研究院黄海水产研究所	金显仕	342.00（前两年）
3	2015CB355900	超深渊生物群落及其与关键环境要素的相互作用机制研究	国家深海基地管理中心	刘峰	2065.00（前两年）
4	2014CB441500	南海陆坡生态系统动力学与生物资源的可持续利用	上海交通大学	周朦	1480.00（前两年）
5	2014CB643300	海洋工程装备材料腐蚀与防护关键技术基础研究	中国科学院宁波材料技术与工程研究所	李晓刚	1314.00（前两年）

续表

序号	项目编号	项目名称	承担单位	首席科学家	经费/万元
6	2014CB345000	南海关键岛屿周边多尺度海洋动力过程研究	中国海洋大学	田纪伟	1551.00（前两年）
7	2013CB036100	海洋超大型浮体复杂环境响应与结构安全性	中国船舶重工集团公司第七〇二研究所	吴有生	1590.00（后三年）
8	2013CB430300	上层海洋对台风的响应和调制机理研究	国家海洋局第二海洋研究所	陈大可	2134.00（后三年）
9	2013CB955300	海洋微型生物碳泵储碳过程与机制研究	厦门大学	焦念志	1343.00（后三年）
10	2013CB956100	南海珊瑚礁对多尺度热带海洋环境变化的响应、记录与适应对策研究	中国科学院南海海洋研究所	余克服	1268.00（后三年）
11	2013CB956200	西北太平洋海洋多尺度变化过程、机理及可预测性	中国海洋大学	吴立新	1220.00（后三年）
12	2012CB413400	热带太平洋海洋环流与暖池的结构特征、变异机理和气候效应	中国科学院海洋研究所	王凡	
13	2012CB956000	全球变暖下的海洋响应及其对东亚气候和近海储碳的影响	中国科学院海洋研究所	袁东亮	3000.00（前两年）
14	2011CB403500	南海海气相互作用与海洋环流和涡旋演变规律	中国科学院南海海洋研究所	王东晓	

（2）国家高新技术研究计划（863 计划）。“863 计划”中海洋技术领域本着挺进深远海、深化近浅海的原则，坚持军民结合，以维护国家海洋战略利益和培育海洋新兴产业为导向，产学研用相结合，开发重大装备和技术系统，初步形成深海环境观测、运载作业和资源勘探开发的技术能力，为实现海洋技术由近海向深远海的战略转移，建设海洋强国提供技术保障。

在国家“863 计划"的支持下，海洋科学技术取得了突破性进展，缩短了与海洋技术先进国家的差距。在海洋监测、海洋生物技术、海洋造船技术和集装箱技术、海洋探查与资源开发技术等方面取得了丰硕的成果。

1）根据“863 计划”“十二五”发展规划纲要，海洋技术领域拟设深海关键技术与装备 1 个重点专项和海洋油气勘探开发技术、海洋监测技术、深海探测与作业技术和海洋生物资源开发利用技术等 4 个主题。2012 年支持重点为：

a. 深海关键技术与装备重点专项。重点支持深海油气地球物理勘探、深海钻井装备和水下生产系统关键技术与装备研发；支持海底观测网核心设备、组网及运行管理等关键技术研发；支持深海移动工作站关键技术研发。

b. 海洋油气勘探开发技术主题。重点支持海洋大位移井等复杂条件下先进钻井技术研发。

c. 海洋监测技术主题。重点支持海洋声场-动力环境同步监测、新型高频地波雷达、船载海洋动力环境监测及海洋环境监测设备工程化等研发。

d. 深海探测与作业技术主题。重点支持水下导航与定位、新型运载平台、大洋矿产资源勘察开发以及深海通用产品等技术研发。

e. 海洋生物资源开发利用技术主题。重点支持深海微生物取样、培养与利用、海洋生物功能基因和远洋渔业捕捞与深加工等技术研发。

2）以下为“863计划”海洋技术领域2014年备选项目：

a. 深远海海洋动力环境监测关键技术与系统集成重大项目。

（a）波浪滑翔器无人自主观测系统。研制一型以波浪能为主驱动力的远程海洋环境观测系统，具有通信、定位和自主航行控制能力，能够实现大范围、远距离的海表温度、盐度、流场及海面风、温、湿、气压等环境参数的实时测量。提交工程样机3台，并完成海上试验，考核续航能力大于2000千米，连续工作时间大于180天。

（b）远程复合动力快速无人艇监测系统。研制可用于浅海、油气平台周边及特定海域测绘、海洋环境监测的远程复合动力快速无人综合监测艇工程样机。最高航速不小于50节，续航能力不低于1000千米；搭载能力不少于300千克，可实现多波束测深及水文气象参数测量，具有视频监视、实时通信、定位及无人自主和无线电遥控航行控制功能，可工作于3级海况，完成海上试验。

（c）船载无人机海洋观测系统。针对特定区域海洋观测的需求，以海洋环境和海上目标机动快速监测为目标，研制船载基于无人机平台的观测系统工程样机。重点研究小型化、低功耗测量技术和无人机平台传感器适装及配平集成技术；系统具有实时监测、通信和自主飞行能力，无人机平台飞行高度不低于3000米，巡航半径100千米。完成海上船载飞行试验。

（d）自主航行潜水器（AUV）组网观测关键技术。利用已有成熟的AUV平台，研究水下移动观测系统智能控制、多水下移动平台协同通信、导航、定位及协作观测技术，开发水下移动平台组网观测控制软件，形成相关技术标准；完成组网观测系统海上试验，组网系统平台数量不少于3个。

（e）便携式无缆剖面监测仪及其组网技术。研制具有低功耗环境测量、坐底、垂直往复式运动、水平位移修正、卫星及水声通信等功能的无缆便携式剖面仪，可通过船载/机载投放，实现固定位置附近长期连续剖面监测与水平方向多台组网立体监测。组网观测剖面仪数量不少于6，完成300～1000米水深海上试验，正常工作时间不少于3个月。

b. 海洋生物资源利用技术主题。

（a）海洋生物功能蛋白高效发掘与产品开发。

a）海洋生物重要功能基因发掘。建立和完善海洋生物功能基因发现、活性筛选和功能验证技术平台，对重要基因进行重组表达和功能验证，获得一批功能明确、可重组表达、有潜在应用前景的全长功能基因序列。

b）海洋生物高活性功能蛋白质产品研发。选择具有重要应用前景、研究基础好的海洋生物高活性功能蛋白进行深入研究，规范化地开展功效评价和应用前期开发，为形成一批在医用、农用、生物探针等领域有良好应用前景的高活性功能蛋白产品奠定基础。

c）高附加值海洋生物酶产品研发。

（b）高附加值海洋生物制品开发。瞄准医药生产、食品加工、环境保护等领域高端用酶需求，结合海洋极端环境下生物酶的特殊优势，选择具有重要应用前景、研究基础好的海洋生物酶进行深入研究，规范化地开展功效评价和应用前期开发，为形成一批高附加值的海洋生物酶产品奠定基础。

高附加值海洋生物制品开发。围绕我国海洋生物制品产业升级转型的实际需求，利用海洋生物资源提取物，开发医用生物材料、高附加值多糖、高 EPA/DHA 甘油三酯型鱼油等高端生物制品制备新技术和生产工艺，建立先进高效、绿色节能的产品生产示范线，获得一批市场竞争力强、附加值高、具有自主知识产权的海洋生物制品。

c. 前沿技术探索。

新型海洋监测探测传感器研发。内容：围绕海洋科学研究、海洋环境监测、海洋工程和资源开发的未来需求，研发适用于海洋环境监测、目标探测、地质与资源探查的新型监测传感器，探索海洋物理、地质、化学、生物等传感器新原理、新方法、新材料、新工艺及前沿新技术，研制原理样机，完成各项测试工作。

（3）国家自然科学基金计划和项目。国家自然科学基金按照资助类别可分为面上项目、重点项目、重大项目、重大研究计划、国家杰出青年科学基金等。所有这些资助类别各有侧重，相互补充，共同构成当前的自然科学基金资助体系。自国家自然基金启动实施以来，先后资助了一系列的涉海项目，通过承担单位的不懈努力，取得了一些具有国际先进水平的成果。2016—2019 年即将实施的涉海自然基金项目约为 195 个，表8－2列举了若干具有代表性的基金项目。从表8－2中可以看出，国家在海洋技术领域的投入越来越大，涌现出了一批海洋技术创新研究团队。

表 8－2　2016—2019 年国家自然科学基金计划和项目

项目号	项目名称	项目负责人	依托单位	批准金额/万元	实施时间/（年-月）
51539193	小型海洋航行器波浪能随体发电技术研究	赵江滨	武汉理工大学	63	2016－01 至 2019－12
31530010	海洋微型生物异柠檬酸脱氢酶的功能鉴定及进化机制研究	朱国萍	安徽师范大学	63	2016－01 至 2019－12
41536081	海洋热液口条件下核酸和蛋白质共起源分子进化模型的研究	许鹏翔	厦门大学	68	2016－01 至 2019－12
41506125	基于底栖生物指数的近岸海域生态环境质量评价方法研究	吴海燕	国家海洋局第三海洋研究所	22	2016－01 至 2018－12
41506160	深海新菌深渊藤黄单胞菌新型a－淀粉酶的温度适应机制研究	王勇	中国海洋大学	22	2016－01 至 2018－12

（二）我国海洋科技发展面临的挑战

1. 海洋科技总体水平尚需提高

我国的海洋科技事业已走过了60年的经过几代人的艰苦奋斗，取得了令人鼓舞的成就，极大地提高了我国的国际地位，振奋了民族精神。

海洋科技在海洋事业发展中所起的作用越来越突出，海洋科技对海洋经济的贡献率在逐步增长，海洋科技改造了传统的海洋产业，引领了新兴海洋产业的形成和发展，支撑了海洋强国的建设。我国虽然是一个海洋大国但还不是一个海洋强国。与海洋发达国家相比，我国的海洋科技水平还有较大差距，根本原因在于缺乏创新能力，关键领域内的技术自给率较低，发明专利较少，高质量论文数量不够，关键设备需要长期依赖进口的局面没有改变；在一些深海资源勘探和环境观测方面，技术装备仍然比较落后，科学技术水平有待进一步提高。

我国的海洋科技总体水平依然不能满足国家、行业的需求，对海洋产业的发展、社会的进步以及国家安全缺乏强有力的科技支撑。受海洋科技水平的限制，中国海洋科技的发展面临诸多困难与挑战：海洋环境信息不能满足国家安全的保障需求；近海生态与环境恶化的趋势未得到有效遏制；海洋生物资源可持续利用科技支撑十分薄弱；没有重视海洋在灾害性气候预测中的重要作用；海洋油气资源勘查开发面临严峻挑战；深海战略性资源的勘探和开发缺乏长远规划；维护海洋权益的科技支撑严重不足；现有海洋观测能力严重制约海洋事业的发展。

2. 科学研究处于从跟进向自主创新转变的关键时期

中国海洋科技虽然部分领域居于国际先进行列，但整体上还处在跟进国际海洋科技发达国家的研究阶段，缺乏引领国际海洋科技发展的能力。目前，中国海洋科技正处于从跟进向自主创新转变的关键时期，在这一时期，海洋科技发展面临巨大挑战。中国虽然已经开展了大量的国际科技合作研究，但还是以辅助研究为主，以我国为主的合作研究计划凤毛麟角。例如，许多国家的海洋计划，中国只是被动地参与，能够提出让其他国家参与的海洋科技计划目前还没有。在海洋科技自主创新研究方面，在诸多领域都还比较薄弱。

（1）在海洋生物基化学资源开发方面：中国极少有来源于海洋生物活性先导化合物的原创性研究和专利，研究或鉴定的约1000个海洋化合物中，具有生理活性的仅为25％～30％，全新的化合物极少，具有原创性和自主知识产权的活性化合物更少。海洋水产品资源综合利用方面，高值利用的绿色工艺技术及其系统集成，以及危害物质的脱除技术是中国海洋水产品资源高值化绿色应用的技术瓶颈。在海洋生物基因资源的研究与高效开发方面，海洋微生物的活性化合物研究室近年来才开创的崭新领域，海洋微生物保藏研究和种质库建设处于起步阶段，海洋微生物资源开发和保护区也远远落后于世界水平；深海微生物研究刚刚起步；人类和高等动物、植物基因组研究已经步入后基因组时代，中国重要经济生物有些还停留在遗传图谱建立的阶段。

（2）在海洋生态研究方面：①缺乏长期的观测和资料的积累，目前的观测网络和观测能力无法满足生态系统可持续发展研究的要求；②海洋生态系统模型研究与国际上仍有较大的差距。缺乏针对中国近海食物产出关键过程、生物关键种的资源变动、赤潮的生消等重要生态过程的模拟和预测能力。另外，缺乏近海重要物理环境的季节变化模拟研究、有害赤潮的形成与演变机制研究、浮游动物关键种生物量波动的机制、物理环境对单鱼种资源波动的影响机制。典型养殖区最适养殖模式等研究也亟待加强。

（3）在海洋能源与矿产资源方面：多年来，中国油气工业投资核技术主要集中在水深很浅、没有划界海域争议、适合做油气资源储备的渤海油气区，而对东海和南海的勘探程度相对较低，尚不具备深水油气的勘探、开发技术及条件。更不清楚中国海域深水油气的分布情况和资源状况。中国在天然气水合物勘探、研究方面的投入非常有限，也非常局限，天然气水合物研究总体起步晚，尚不具备天然气水合物的开采条件及环境保护技术，更未掌握中国海域天然气水合物的分布情况和资源状况，离商业开采的目标还相当远。在热液硫化物资源方面，中国与国外有近 30 年的差距。目前热液硫化物资源调查刚刚起步，尚缺乏对海底热液硫化物分布情况和资源状况的全面的掌握。目前中国对深海富钴结壳资源的系统研究程度偏低，特别是富钴结壳资源调查面积及调查远不及一些发达国家，对其成矿作用的基础研究非常薄弱，对富钴结壳资源的勘察进度尚落后于国际海底管理局的立法进程。以往围绕海底成矿作用、深海环境及其变化、深海沉积过程、热液/冷泉等环境生物多样性及关键生物地球化学过程等方面的基础研究，仍需加大支持力度、深化和拓展。

3. 科技投入不足，人才队伍整体水平亟需提高

发展海洋新兴产业必须要有相应的人才保障。据《2014 年海洋统计公报》的统计显示，2014 年我国涉海就业人员达 3554 万人，随着海洋经济的持续发展，数目还将继续扩大。但是看到我国涉海就业人员总数的增多的同时，也必须看到一些高新海洋技术领域的人才的匮乏。从历年海洋统计年鉴对新兴产业就业人员统计得知，处在快速发展阶段的生物医药业和海洋电力业人才极为匮乏，海洋工程建筑业虽然吸纳就业能力强，但就业人才素质较低、人才流动频繁。虽然我国海洋科技力量具有一定基础，但是真正能够从事海洋高新技术成果研究和应用开发的人才匮乏，能够从事海洋新兴产业市场预测、产品营销研究、技术经济分析和情报信息处理的“软科学”人才更是寥寥无几，高层次人才匮乏的问题需要给予高度重视。

虽然中国近年来加大了海洋科技的投入，但是中国在海洋科技上投入长期偏低的现状还没有得到彻底改变，与海洋科技强国相比形成强烈反差。从地球科学学科间的投入比较来看，海洋科学的投入并不具备优势，这与中国海洋强国战略极不对称。已有专家和学者呼吁，要像发展航空航天那样发展中国的海洋技术，关键之一在于一个超长的投入战略。

实施海洋强国之梦，另一个关键在于人才队伍的建设，经过几十年的改革开放发展，中国海洋科技人才短缺的情况得到了一定的缓解，但是缺乏具有自主创新能力的高层次人才和高能力人才。但实际上，中国海洋科技队伍整体上仍显不足，优秀拔尖人才比较匮乏，仍需要培养和吸引大批海洋科学研究人员充实到海洋科技研究队列中，特别是急需培养一批能够在国际舞台上开展领先研究的顶尖人才和研究群体。

4. 体制机制难以适应海洋科技快速发展的需求

国家有关涉海研究机构分属不同的部门，机构之间各自为政，缺乏统一的组织协调，海洋观测资源和观测数据不能有效共享，造成重复建设和巨大的资源浪费。

在研究项目的安排上，一方面，由于体制原因，各部门研究机构低水平重复研究，一方面造成研究资源的浪费；另一方面，造成研究力量分散、重大科学技术问题难以有效组织力量集中攻关。科学研究机构和海洋产业部门之间的关系不紧密，致使很多研究成果难以真正形成生产力。科技成果的转化率低，制约了海洋经济的快速发展。

建立跨领域、跨学科的海洋权益维护联合工作机制，组织开展重大科学问题研究和关键技术的突破；组织相关科学家和专家，加强对那些以自然科学为基础或与海洋科学技术发展密切相关的国际法律问题前瞻性研究，以便在国际海洋法制定过程中发挥中国应有的影响力。建立适应海洋科技全面、协调、可持续发展的体制机制，对于促进海洋科技的快速发展具有重要意义。

5. 部门分属的局面需要国家专门机构协调海洋事务的发展

目前，中国从事海洋科学研究的专门机构分属于国家不同部门，既有主要从事基础科学的研究的，也有主要从事应用科学研究的，还有二者交叉开展研究的。由于分属于不同的部门、行业、难以真正形成合力，尚不能满足国家对海洋科技的重大战略需求。急需在国务院设立一个专门领导、协调海洋重大事务的机构，领导制定国家海洋发展战略、国家重大的涉海规划和海洋科学计划，协调和处理海洋领域中涉及外交、经济、法律、科学等跨部门的复杂问题。同时，军民之间宜建立“寓军于民、军民共建共享”的海洋科研管理机制和相关制度，为更快更好地发展推动中国海洋事业提供必要的制度保障。

四、促进我国海洋能科技与产业发展的措施

在后石油时代，各海洋经济强国纷纷重视海洋科技的研究与开发，希望通过海洋科技的自主创新来抢占国际海洋竞争的制高点。以海洋高新技术为主要特征的战略性海洋新兴产业自然成为各国争相发展的重点，为应对日趋激烈的国际竞争，实现建设海洋强国的目标，应在科学发展观的指导下，以海洋科技的自主创新为切入点，以基于生态系统的海洋综合管理为发展理念，制定我国海洋能科技与产业发展的措施，积极推动海洋经济在“十三五”期间实现跨越式发展。

在制定海洋能产业的发展的促进措施时，应基于海洋能产业发展现状以及现有政策的分析，借鉴海洋能发展强国在海洋能产业发展政策的成功经验，遵循科学发展的指导，从法律法规与制度环境、技术、资金、人才的不同角度入手来构建海洋能产业发展政策，推动我国在海洋能产业方面实现跨越式发展。

（一）重视基础研究和应用研究

基础研究是科技发展的源头和动力，是科技进步的持续驱动；应用基础研究和应用研

究则是科学技术转化为现实生产力的助推器。在国家大力发展海洋经济，注重海洋科技创新的政策指引下，加强基础研究和应用研究，不断挖掘海洋科技持续发展的潜力，对于海洋经济的跨越式发展发挥着极大的基础性作用。作为新形势下贯彻“科技兴海”的重要战略举措，海洋新兴产业的发展更要以科技基础和应用基础研究为前提。

海洋新兴产业的基础和应用基础研究应围绕海洋生物医药、海水淡化与综合利用、海洋能、海洋装备以及深海等领域中的重大和前沿科技问题，不断突破相关基础理论和技术方法，逐步提高战略性海洋新兴产业的科技贡献率，为海洋新兴产业逐步成为海洋经济发展的主导力量奠定坚实的基础。随着研究的手段和水平的不断提高，在海洋生物学、海洋生物工程技术、海洋药物与海洋化学、海洋地质学等海洋新兴产业涉及的海洋科学的基础理论研究方面要有所深入，应在海洋生物技术、海水淡化与综合利用技术、海洋能开发技术、海洋装备研发技术、深海资源开发技术以及深海设施设计、研发技术等关键技术领域开展科技攻关和成果应用研究，为海洋新兴产业的发展提供技术支持。在海洋生物医药领域，依托现有中药现代化的研究优势，集中力量对经中医临床实践证明确有疗效的海洋生物进行研究；加强海洋微生物发酵技术及其代谢产物以及海洋药物基因工程的研究；加强海洋药物标准化以及海洋药物在重大疾病治疗方面的潜力研究。在海水淡化与综合利用领域，要积极开发利用海水利用工程技术，加强海水淡化和化学元素提取技术的应用研究。另外，要注重海洋能技术应用研究以及海底勘测和深潜技术，深海金属矿产勘察开发技术的应用研究，为战略性海洋新兴产业的科技创新做好技术储备工作。

（二）加强技术研发与自主创新

技术开发是从科研到生产的中介和桥梁，是科技成果产业化过程中的中心环节，技术研发的成功与否直接影响到技术创新的能力高低。对于随海洋科技的进步而发展的战略性海洋新兴产业来说，关键技术与核心技术的研究开发能力一定程度上决定了海洋新兴产业的起点。因此，要积极加大海洋生物医药、海洋淡化与综合利用、海洋能、海洋装备以及深海领域关键技术与核心技术的研究开发力度，为战略性海洋新兴产业的科技自主创新奠定良好的基础。

在海洋生物医药领域，要注重突破海洋生物代谢产物资源的开发和海洋生物基因资源的开发技术瓶颈，亟需解决海洋生态增养殖原理与新生产技术体系、海洋水产生产的生物安保、海洋生物资源精炼技术、海洋生物基因利用和海洋生物能源开发利用的研发问题。在海水淡化与综合利用方面，要重点开展大型海水淡化技术与产业化研发，研制可规模化应用的海水淡化装备和膜法低成本淡化技术及关键材料，聚焦海水直接利用和海水淡化技术，重点研发海水预处理技术、浓盐水综合利用技术、气态膜法浓海水提溴产业化技术、浓海水制取浆状氢氧化镁规模化生产技术、浓海水提取无氯钾肥产业化技术等，适时开展海水稀有战略资源的提取利用技术研究。在海洋能方面，要加大除潮汐能发电技术以外的其他形式海洋能的应用技术研发。在海洋装备方面，鉴于对海洋（尤其是深海）工程装备所涉及的科学技术领域的研究深度还远不及陆上装备及船舶的科学技术的情况，需要及早突破共性关键技术，像深海浮式结构物环境载荷与动力响应、海洋装备波浪与航行性能综

合优化科学与技术、新概念船舶与海洋浮体、船舶与海洋浮体的非线性动力学问题、船舶与海洋结构物安全性与风险分析、深海细长柔性结构动力响应与疲劳、深海装备的模型试验与现场测试方法等。与此同时，在海洋装备复杂机电系统的集成科学、深海空间站与潜水器前沿技术、深海装备的海上与水下安装技术、复杂环境下潜器布放回收与多体操控技术、水下探测与通信技术、深海装备维修力学与剩余强度评估、船舶与海洋平台的绿色轮机系统技术等方面也应加大研发力度。另外，我国深海技术还处于起步阶段，而深海技术的发展会带动海洋资源开发、海底探测、海上信息处理等相关领域的发展。要加大深水油气勘探、开采技术，天然气水合物调查和开采技术，热液硫化物调查、开采和利用以及热液活动检测技术，深海多金属结核和富钴结壳开采利用技术的研发，重点研究大深度水下运载技术，生命维持系统技术，高比能量动力装置技术，高保真采样和信息远程传输技术，深海作业装备制造技术和深海空间站技术，突破主要技术瓶颈。

随着科学技术的日益进步，当今世界各国的竞争归根到底是科技的竞争。然而，科技的竞争不仅来源于当前科技的发达程度，更多地取决于科技的自主创新能力。因此，从发展我国海洋新兴产业的角度出发，继续深入贯彻“科技兴海”战略方针，积极提升战略性海洋新兴产业的海洋科技自主创新能力，使其成为加快海洋产业结构调整和海洋经济增长方式转变的重要推动力，大力提高海洋科技原始创新、集成创新、引进消化吸收再创新能力。

增强海洋科技的自主创新能力是在海洋领域贯彻《中共中央国务院关于实施科技规划纲要增强自主创新能力的决定》的积极举措，是“十二五”时期发展战略性海洋新兴产业的必然要求。根据《全国科技兴海规划纲要（2008—2015 年）》的指示精神，实现海洋科技的自主创新要优先推进海洋科技的集成创新，增强海洋生物医药技术开发、海水淡化与综合利用技术开发、海洋能、海洋装备与深海技术开发集成能力。依据海洋新兴产业发展的需要，重点开展海洋生物技术集成，海水综合利用产业技术集成，开展潮汐能、波浪能、海流能、海洋风能区划及发电技术集成创新，形成具备深（远）海空间利用技术的集成等。以海水综合利用产业技术集成为例，水电联产、热膜联产等多种技术集成是主要发展趋势。水电联产主要是指海水淡化水和电力联产联供。

（三）注重技术装备的升级换代

海洋新兴产业的发展对技术装备有很高的要求。尽管近年来海洋科技水平有了一定程度的提高，但主要的海洋技术装备依赖进口的局面没有得到根本性的改变。战略性海洋新兴产业技术装备远落后于发达国家，在深海资源勘探和环境观测方面表现尤为突出，大大削弱了战略性海洋新兴产业技术创新的物质支撑。为更好地进行战略性海洋新兴产业的科技创新，必须尽快更新换代技术装备，以先进的技术装备为战略性海洋新兴产业的科技进步提供坚实的物质保障。战略性海洋新兴产业技术装备升级换代主要集中在海水淡化、海洋能利用以及海洋矿产资源勘探开发工程装备方面。在海水淡化装备方面，围绕海水淡化产业带建设、大规模海水淡化工程实施、海水利用示范城市建设、船舶及海洋钻采平台建设，大力发展各类海水淡化装备。巩固发展中空纤维（UF）超滤膜组件、大型海水淡化、苦咸水淡化装置、反渗透海水淡化装置、膜分离及水处理装置等产品；发展低温多效蒸馏法海水淡化装备、膜法海水淡化关键装备、膜法海水淡化成套设备；研发高性能反渗透膜、能量回收装置、高压泵、高效蒸馏部件等海水淡化装备配套产品以及开发可规模化应用的海水淡化热能设备、海水淡化装备和多联体耦合关键设备。在海洋能利用装备方面，适应海洋能开发利用需求，重点大力发展潮汐能、波浪能、海流能、海洋风能发电装备。研发生产海上作业船、离网型风力发电机组、并网型风力发电机组等海上风电装备以及百千瓦级波浪机组等装备；研发电缆、管系、叶片等海洋电力装备配套产品。在海洋矿产资源勘探开发工程装备方面，立足国家海洋石油与深海矿产资源勘探开发战略需要，加快研发深层和复杂矿体采矿设备、无废开采综合设备、高效自动化选冶大型设备、低品位与复杂难处理资源高效利用设备、矿产资源综合利用设备等；研发天然气水合物勘探开发设备、大洋金属矿产资源海底集输设备、现场高效提取设备等；研发异常环境条件下的传感器、传感器自动标定设备、海底信息传输设备等；研发生产有缆遥控水下机器人、无缆自治水下机器人、水下探测打捞深潜器、浅海管线电缆维修装置、海底管道内爬行器及检测系统等。

（四）加快科技成果转化

技术创新的最终目的在于科技成果的商品化，而将科技成果转化为现实的生产力的关键在于产学研的紧密结合。党的“十七大”报告明确提出要“加快建立以企业为主体、市场为导向、产学研相结合的技术创新体系”。“十二五”期间，应进一步加大力度服务战略性海洋新兴产业的发展，将加快科技成果的转化作为建立技术创新体系的实施重点，在解决制约战略性海洋新兴产业发展壮大的关键性和紧迫性技术问题的基础上，促进海洋生物医药、海洋装备业等一批先进科研成果尽快转化应用，助推海洋产业结构调整。

1. 构筑科技成果转化的公共平台

实现战略性海洋新兴产业科技成果的快速转化，首先要找到产学研结合的动力，即要取得产学研各主体目标和根本利益的一致。目标与利益的一致性需要构筑集信息交流、供求协调等于一体的公共服务平台，考虑多方利益，将战略性海洋新兴产业的产学研有机结合起来，通过互通有无、优势互补达到加速科技成果转化的目的。

首先，要搭建好便于产学研交流的信息网络平台。科技成果转化需要企业、科研院所与研发部门的沟通协作，信息畅通是加速科技成果转化的有效途径。要在海洋生物医药、海水淡化与综合利用、海洋能、海洋装备以及深海领域搭建各自的信息网络平台，定期汇集生产企业提供的技术攻关难题和市场需求信息，经加工整理后及时传递给有关科研院所，经过科研院所的进一步研究后指导研发部门研发符合生产企业需要的产品；科研院所和研发部门也要定期向生产企业发布科技成果信息，以便企业结合市场需求选择可以尽快商品化的科技成果。利用计算机网络及其他现代化信息传输工具确保科技信息的传递及时、准确、高效，保持战略性海洋新兴产业的信息渠道畅通。

其次，搭建企业之间和企业与高校、科研院所之间的供求关系平台。要加强技术经纪人队伍及各种中介服务机构的建设，为科技成果的供需双方提供可靠的中介服务，保证双方的有效合作和应有法律权益。特别是政府要加强对技术市场的宏观管理和指导，加大力度，组织协调人才、金融及各生产要素市场与技术市场的紧密结合。

再次，要建立一个管理体制完善的、法律法规健全的技术服务平台。一方面，该技术平台要实行开放服务，为行业提供海洋技术成果工程化试验与验证的环境及相关技术咨询服务。通过市场机制整合科研资源，将所形成的海洋技术成果实现技术转移和推广，推动建立海洋高技术联盟；另一方面，要建立技术市场准入机制，建立技术项目评估规范的评审专家咨询队伍，避免伪劣技术进入市场，提高上市技术项目的水平，保障战略性海洋新兴产业科技成果转化的有效性。

2. 建立科技成果示范基地

作为战略性海洋新兴产业技术创新体系中的重要一环，科技成果的推广、扩散和渗透程度从一定程度上决定了转化率和转化速度。因此，建立以大学、科研机构为支撑，以企业为主体技术创新机制，使战略性海洋新兴产业科技成果的聚集和效应不断壮大的示范基地，是加速海洋高技术成果转化的重要战略措施。在全国范围内，选择在海洋生物医药产业、海水淡化与综合利用业、海洋能产业、海洋装备业以及深海产业发展中具有雄厚的基础研究能力的地区，以政府宏观规划和政策引导为导向，充分发挥市场配置资源基础性作用，按国际一流园区的标准，尽快构建我国国家海洋生物医药产业示范基地、海水淡化与综合利用业示范基地，海洋能产业示范基地、海洋装备业基地以及深海基地，以此促进高层次人才、研发资金和高新技术向园区集聚，形成从基础研究、技术开发、产业化到规模化发展的战略性海洋新兴产业链体系和产业集群，形成以点带面的示范带动效应，以引领我国战略性海洋新兴产业的发展。

3. 建设高技术产业园区

随着海洋经济的进一步发展，国内外纷纷创办高科技产业园来加速高新技术成果的转化。许多发达国家借鉴创建科技工业园的成功经验，兴建了一些海洋科技园，使之成为发展海洋高技术产业的“孵化器”，以促使海洋科技成果转化为现实生产力。其中，美国在密西西比河口区和夏威夷建立的两个海洋科技园是海洋高新技术园区的成功典范，二者虽侧重点不同，但都致力于积极发展海洋科技，不断提高海洋高技术产业的竞争力，开拓海洋高技术产业的发展空间；另外，位于美国得克萨斯州三角海洋产业园区、位于北卡罗来纳中心海岸的佳瑞特海湾海洋产业园等，也是以海洋高技术的研发与推广为基本支撑，将海洋生物技术、海洋能源开发技术作为核心技术不断辐射相关海洋产业的发展区域，形成以海洋高新技术为重心的先进示范园区，对美国占据海洋经济发展的优势地位起到了积极的积淀作用。我国天津塘沽海洋高新区、青岛海洋高技术产业基地以及深圳市东部海洋生物高新科技产业区都在促进高技术成果转化方面取得了良好的效果。

（五）强化知识产权保护

知识产权保护是技术创新成果转化为无形资产、转化为生产力的法律基础和保障。知识产权保护作为科技创新体系的重要组成部分，是促进技术创新，加速科技成果产业化，增强经济、科技竞争力的重要激励机制。加强与科技有关的知识产权管理与保护，是提升我国科技创新层次、增强我国科技创新能力与经济竞争力的重要手段。从国际知识产权领域的发展趋势看，现代知识产权制度呈现出保护范围不断扩大、保护力度不断加强的态势，在国际科技、经济竞争中的作用不断增强。加入 WTO 后，我国在科技、经济领域与发达国家的竞争将更为复杂、激烈。因此，要进一步增强我国海洋科技、经济竞争实力，必须把知识产权制度的建设和运用放到国家海洋科技创新体系建设的战略高度上考虑，把加强海洋知识产权保护作为在海洋科技、经济领域夺取和保持国际竞争优势的一项重要战略措施。随着以海洋科技进步为主要动力的战略性海洋新兴产业，其科技创新的知识产权保护问题亟需提到重要议事日程上来。

（六）促进国际合作与交流

目前，以海洋生物技术和深海技术为核心的海洋高技术领域快速发展使战略性海洋新兴产业发展的国际化趋势明显。美国、日本等海洋经济发达国家通过实施重大综合性海洋科学研究计划、建造一些高水平的设施和实验设备供各国科研人员共同利用、向发展中国家提供资金和技术援助等积极的合作举措，在海洋生物医药、海水淡化与综合利用、海洋能等战略性海洋新兴产业的各个领域实现了国际合作。相比之下，我国战略性海洋新兴产业的国际合作尚处于起步阶段，仅实现了海洋油气业和海水淡化业的合作。从国际战略性海洋新兴产业的合作趋势看，我国战略性海洋新兴产业无论从合作规模还是领域上都存在较大的差距，大大阻碍了其综合效益的发挥和潜在实力的挖掘。为顺应国际战略性海洋新兴产业发展的国际化趋势，应切实加强国际交流与合作，提高引领发展能力。加强国际合作计划的参与和组织力度，重点扩展与北美洲、欧洲等发达国家国际著名海洋研究机构的伙伴式合作关系；构建东南亚邻国海洋科学技术合作机制，强化和建立与俄罗斯、日本、印度、韩国等周边国家区域性重点海洋研究机构的长期稳定的合作关系；实现双边定期互访，选取一定的海域和关键科学问题，实施联合攻关；积极推进中国在海洋科学领域与非洲及南美洲第三世界国家的合作与交流，进一步提升中国海洋科技的国际知名度。在国际合作中，逐步摆脱被动参与的局面，加强项目和重大计划的设计，逐步在国际计划中增加中国海洋科技的力量，在部分优势领域实现以我国为主的国际合作。凭借自身战略性海洋新兴产业发展优势，实现在海洋生物医药、海水淡化与综合利用、海洋能等战略性海洋新兴产业的各个领域的国际合作，以科技水平的全面提升引领战略性海洋新兴产业的发展潮流。

五、涉及海洋技术与产业的法律法规以及发展规划（节选）

（一）《可再生能源法》中设计技术和产业的相关内容

关于产业指导与技术支持的内容如下：

（1）国务院能源主管部门根据全国可再生能源开发利用规划，制定、公布可再生能源产业发展指导目录。

（2）国务院标准化行政主管部门应当制定、公布国家可再生能源电力的并网技术标准和其他需要在全国范围内统一技术要求的有关可再生能源技术和产品的国家标准。对前款规定的国家标准中未做规定的技术要求，国务院有关部门可以制定相关的行业标准，并报国务院标准化行政主管部门备案。

（3）国家将可再生能源开发利用的科学技术研究和产业化发展列为科技发展与高技术产业发展的优先领域，纳入国家科技发展规划和高技术产业发展规划，并安排资金支持可再生能源开发利用的科学技术研究、应用示范和产业化发展，促进可再生能源开发利用的技术进步，降低可再生能源产品的生产成本，提高产品质量。国务院教育行政部门应当将可再生能源知识和技术纳入普通教育、职业教育课程。

（二）《可再生能源发展“十二五”规划》

1. 加快推进海洋能技术进步

以提高海洋能开发利用技术水平为着力点，积极开展海洋能利用示范工程建设，促进海洋能利用技术进步和装备产业体系完善。随着海洋能技术发展，逐步扩大海洋能利用规模。

选择有电力需求、海洋能资源丰富的海岛，建设海洋能与风能、太阳能发电及储能技术互补的独立示范电站，解决缺电岛屿的电力供应问题，满足偏远海岛居民生产和生活用电需求，促进海岛经济发展。发挥潮汐能技术和产业较为成熟的优势，在具备条件地区，建设1～2个万千瓦级潮汐能电站和若干潮流能并网示范电站，形成与海洋及沿岸生态保护和综合利用相协调的利用体系。到2015年，建成总容量5万千瓦的各类海洋能电站，为更大规模的发展奠定基础。

2. 加快技术装备和产业体系建设

围绕产业链建设、技术研发、人才培养和服务体系配套等方面加强可再生能源产业体系建设。

（1）完善产业链建设。以技术进步为核心，全面提高可再生能源装备制造能力，实现大容量抽水蓄能机组和百万千瓦大型水轮机组的设计制造。风电和太阳能光伏发电设各技术和制造能力达到国际先进水平，并形成若干以龙头企业为核心的制造产业聚集区和配套生产基地。实现生物质成型燃料、发电和生物液体燃料技术产业化，培育大型生物燃料生产企业，建成生物液体燃料配套销售体系。逐步建立新型地热能、海洋能利用技术研发和装备制造能力。

（2）建立技术创新体系。建立国家、地方和企业共同构成的多层次可再生能源技术创新模式，形成具有自主知识产权的可再生能源产业创新体系。充分利用并整合现有可再生能源研究的技术队伍资源，组建国家可再生能源技术研发平台，解决产业发展的关键和共性技术问题，鼓励具有优势的地方政府建立可再生能源技术创新基地，支持企业建立工程技术研发和创新中心，形成国家可再生能源技术创新平台和若干个国家与地方及企业共建的联合创新技术平台。推动大学和研究院所建立从事可再生能源研究的重点实验室，开展促进可再生能源技术进步的基础研究工作。

（3）完善人才培养机制。加大对人才培养机构能力建设的支持力度，完善人才培养和选拔机制，培养一批可再生能源产业发展所急需的高级复合型人才、高级技术研发人才，在重点院校开办可再生能源专业，将可再生能源产业人才培养纳入国家教育培训计划。选择一批可再生能源相关学科基础好、科研和教学能力强的大学，设立可再生能源相关专业，增加博士、硕士学位授予点和博士后流动站，鼓励大学与企业联合培养可再生能源高级人才，支持企业建立可再生能源教学实习基地和博士后流动站，在国家派出的访问学者和留学生计划中，把可再生能源人才交流和培养作为重要组成部分，鼓励大学、研究机构和企业从海外吸引高端人才。

（4）加强服务体系建设。制定和健全可再生能源发电设备、并网等产品和技术标准，建设各类可再生能源设备及零部件检测中心，提高我国可再生能源技术、产品和工程的认证能力，建设一批风能、太阳能、海洋能等公共测试试验基地或平台，为可再生能源装备和产品认证以及国内自主研制设备提供试验检测条件。建立完善的可再生能源产业监测体系，形成有效的质量监督机制，提高产品可靠性水平。支持相关中介机构能力建设，健全可再生能源产业和行业组织，发挥协会在行业自律、人才培训、技术咨询、信息交流、国际合作等方面的作用，建立企业、消费者、政府部门之间的沟通与联系，促进可再生能源产业的健康发展。

（三）《国家海洋事业发展规划纲要》

按照自主创新、重点跨越、支撑发展、引领未来的方针，深化近海、拓展远洋、强化保障、支撑开发，大力发展海洋高新技术和关键技术，扎实推进基础研究，积极构建科技创新平台，实施科技兴海工程，加强海洋教育与科技普及，培养海洋人才，着力提高海洋科技的整体实力，促进海洋经济又好又快发展，为海洋事业发展提供保障。

1. 海洋前沿技术

重点发展深海和远洋技术。加强深海、远海海洋环境立体监测与实时监控技术、海底观测系统与网络技术、天然气水合物勘探开发技术、大洋矿产资源与深海基因资源探查和开发利用技术、深海运载和作业技术和海洋可再生能源技术等的研究开发，发展海洋信息处理与应用技术，为拓展海洋管理和海洋资源开发的深度与广度提供战略性的技术储备。

2. 海洋关键技术

积极发展海水淡化与综合利用技术、海洋油气高效利用技术、深海油气勘探开发技术、海洋能利用技术、海洋新材料技术、海洋生物资源可持续利用技术和高效增养殖技术。加强海洋生态环境管理、监测、预报、保护、修复及海上污损事件应急处置等技术开发以及高技术应用。优先发展大型海洋工程技术与装备。加强远洋运输、远洋渔业、海洋科考和地质调查等大型船舶技术的研发和应用。开发海啸、风暴潮、海岸带地质灾害等监测预警关键技术。开发保障海上生产安全、海洋食品安全、海洋生物安全等关键技术。

3. 海洋基础科学研究

加强海洋基本理论和基础学科建设，协调发展物理海洋学、海洋地质学、生物海洋学、海洋生物地球化学、海洋生态学、海洋环境学和海洋工程学等学科。推进海洋科学与其他科学之间交叉研究，开拓海洋科学新领域。重点开展中国海及大洋环境变异规律、海洋地质过程与资源环境效应、海洋生态系统演变过程与生态安全、深部生物圈与海洋极端环境生物、全球气候变化的区域海洋响应、环渤海地区复合污染、生态退化及其控制修复原理和海气相互作用与气候变化等研究。围绕海洋资源、环境、生态和权益问题，开展海洋战略、区域海洋管理、海洋权益维护、海洋经济等社会科学基础理论研究和创新。

4. 海洋科技创新平台

按照整合、共享、完善、提高的原则，优化组合现有科技力量，集中配置大型科学仪器设备，建设国家海洋科技实验室和海上试验场等研发平台；加强国家海洋生态环境和极端环境科学研究网络体系建设，完善海洋科学数据与信息共享平台；推进海洋微生物菌种、动植物种质、海洋地质样品、极地样品标本等海洋自然科技资源服务平台建设；推进海洋科技成果转化的投融资体制创新，促进海洋科技服务平台和中试与产业化示范基地建设。

5. 科技兴海平台

开展海洋经济规划实施的科技兴海平台的建设与运行，以科技兴海，以知识兴海。围绕《全国海洋经济发展规划纲要》提出的目标和任务，以强化科技对海洋经济发展的支撑作用和公共服务功能为主线，建设海洋公共技术应用服务平台、海洋经济活动的环境安全保障平台、科技兴海公共信息服务平台、海洋经济规划实施决策辅助平台等。通过科技推进平台的业务化运行，合理配置海洋科技和信息资源，促使新兴产业得到快速发展，支撑和引领海洋经济转向资源节约型、环境友好型和区域协调型发展模式。

6. 海洋教育与科普

把普及海洋知识纳入国民教育体系，在中小学开展海洋基础知识教育。加快海洋职业教育，培养海洋职业技术人才。紧密结合海洋事业和海洋经济发展需要，调整海洋教育学科结构，建设高水平的海洋师资队伍，努力办好海洋院校，提高海洋高等教育水平。加强国家海洋科普能力建设，制定海洋科普作品选题规划，扶持原创性海洋科普作品，出版高质量的海洋科普刊物和丛书，抓紧国家海洋博物馆等海洋科普场馆建设。

（四）《新能源和可再生能源发展纲要（1996—2010年）》

开发利用新能源和可再生能源是一项远有前景，近有实效的事业。但由于尚处在发展初期，同其他能源建设相比，需要政府给予更多的支持和相应的扶持政策。

加强产业化建设，中央及各地区、各部门要重视科研成果的转化，把技术上基本成熟的产品尽快定型，鼓励企业打破部门、地区界限，实行横向联合，组织专业化生产。国家在投资、价格和税收等方面要有计划、有步骤地支持一批新能源骨干企业的发展，建立有规模生产能力的产业体系，使之不断提高产品质量，降低生产成本，扩大销路。建立国家级的质量监测系统。抓好产品生产的标准化、系列化和通用化。

随着新能源和可再生能源产业的发展，必须尽快建立和发展相应的技术服务体系。应鼓励有条件有能力的个体和集体开办新能源技术服务公司，承包新能源设备的销售、安装、调试、维修等技术服务工作，加强对各类技术服务公司的技术指导和职业培训，不断提高他们的服务能力和质量。

（五）《国家“十二五”海洋科学和技术发展规划纲要》（重点）

保障措施如下：

（1）强化组织领导，促进协调发展。

（2）加大科技投入，提升保障能力。

（3）营造创新环境，激励成果转化。

（4）加强国际合作，提高科研水平。

（六）《全国科技兴海规划纲要（2008—2015年）》

重点任务如下。

1. 加速海洋科技成果转化，促进海洋高新技术产业发展

围绕海洋产业竞争能力和发展潜力，优先推动海洋关键技术成果的深度开发、集成创新和转化应用，鼓励发展海洋装备技术，促进产业升级，培育新兴产业，促进海洋经济从资源依赖型向技术带动型转变。

（1）优先推动海洋关键技术集成和产业化。

1）海洋渔业技术集成与产业化。开展海水增养殖、生物资源保障、远洋渔业等技术成果集成与转化，重点加强优良品种培育、病害快速诊断及其综合防治、渔业资源评估及可持续利用等关键技术的成果转化。扩大环境友好型养殖、深水抗风浪网箱养殖、水产品质量安全保障等技术的应用规模；推动海洋水产品加工、储藏、运输等关键技术应用，以

及环境友好型捕捞装备和现场综合加工技术开发。

2）海洋生物技术集成与产业化。重点开展生物活性物质、海洋药物产业化以及海洋微生物资源利用等技术成果转化，建立有效的海洋生物化工、制药物质质量标准评价体系，推广海洋药物、功能食品、化妆品、海洋生物新材料及其他高附加值精细海洋化工和新型海洋生物制品成果。

3）海水综合利用产业技术集成与产业化。重点开发应用海水淡化技术，大力推进工业冷却用水、消防用水、城市生活用水、火电厂脱硫等的海水直接利用技术应用规模，开展海水化学资源利用技术集成转化，抓好海水综合利用大规模示范工程，带动海水利用产业快速发展。

4）海水农业技术集成与产业化。重点开展蔬菜、观赏植物等野生耐盐植物的规模化栽培工艺、改良技术和产品综合加工利用技术转化；建立海水农业新型种植模式、海水灌溉技术和海岸滩涂开发利用生态化示范工程，通过技术集成和示范，构建滩涂海水生态农业产业化开发体系。

（2）重点推进高新技术转化和产业化。

1）海洋可再生能源利用技术产业化。强化海洋可再生能源技术的实用化，开展潮汐能、波浪能、海流能、海洋风能区划及发电技术集成创新和转化应用。重点发展百千瓦级的波浪、海流能机组及其相关设备的产业化；结合工程项目建设万千瓦级潮汐电站；鼓励开发温差能综合海上生存空间系统；推广应用海洋生物质能技术，建设海洋生物质能开发利用试验基地。

2）深（远）海技术应用转化。重点支持深（远）海环境监测、资源勘察技术与装备，深海运载和作业技术与装备成果的应用；推进深海生物基因资源利用技术开发及产业化；开发多金属结核、结壳、热液硫化物开采技术和装备；形成具备深（远）海空间利用技术的集成与服务能力的国家深海开发基地。

3）海洋监测技术产业化。开展海洋生态环境监测技术产品的稳定性试验与成果推广，推进监测设备和检测标准物质制备产品化与标准化；突破海洋动力环境监测设备的关键技术，提升国产海洋监测仪器设备的可靠性和稳定性，形成模块化、系统化和标准化的产品以及稳定发展的产业，并推向国际市场；集成应用海底环境监测技术，逐步形成技术服务能力。

4）海洋环境保护技术推广。开发海洋污染和生态灾害监测、分析、治理技术产品，开展溢油、赤潮、病害防治等海洋污染应急处置技术产品的应用推广；开发海洋仿生技术产品，重点开展海洋仿生监测和示踪技术的研究与开发，发展环境友好型的海洋仿生设备、建筑材料、化工材料以及具有特殊功效的纺织材料等。

（3）鼓励海洋装备制造技术转化应用。

1）海洋油气勘探开发装备制造技术成果应用。开发具有自主知识产权的新型平台、适合深水海域油气开发的深水平台、油气储运系统、水下生产系统等海洋石油开采装备技术产品；加快海上油田设施的监测、检测、安全保障和评估技术的开发和应用。

2）船舶制造新技术开发和转化应用。重点开展超大型油船、液化天然气船、超大型集装箱船、滚装船、海上浮式生产储油装置、游轮（艇）等船舶的研发，加大对船舶共性技术、基础技术和关键配套产品的开发和应用。

3）海洋装备环境模拟和检验技术开发服务。重点开展海洋用大型探测仪器、深水作业设施、分析监测设备和海上作业辅助设施等的环境模拟、检验和服务。

2. 实施重大示范工程，带动科技兴海全面发展

按照科技兴海的总体目标和海洋产业的发展需求，通过多种投资方式和强化投入，实施科技兴海专项示范工程，带动沿海地区科技兴海工作全面发展，促进海洋经济向又好又快发展方式转变。

（1）海洋生物资源综合利用产业链开发示范工程。结合海洋生物制品产业园区建设，建立1～3个技术集成、装备配套、产业衔接的海洋生物资源综合利用产业链示范工程和发展模式。开发以大宗水产品为原料的海洋功能食品、生物材料、精细化工制品、生物活性物质和海洋药物的综合利用技术，优化水产品精深加工及水产加工废弃物综合利用配套工艺和装备技术。构建具有自主知识产权的海洋生物资源综合利用关键技术体系，提高水产品精深加工装备制造能力和海洋生物资源产业化能力。

（2）海水综合利用产业链开发示范工程。通过10万吨级海水淡化与综合利用技术装备研发转化，结合缺水城市临海、临港区建设，重点示范海水循环冷却、海水淡化及浓盐水的综合利用技术，优化海水预处理、防腐蚀及防生物附着、设备配套、膜或热源高效利用等工艺技术，建设海水综合利用产业链区域示范工程，构建具有自主知识产权的海水淡化与综合利用关键技术体系，构建技术应用-装备产业化-产业链示范相互促进的海水综合利用产业链发展模式，提高海水淡化装备制造能力和产业化能力。

（3）海水养殖产业体系化综合示范工程。结合沿海区域海洋生态和经济发展特征，重点开展海水养殖育种和良种扩繁、高效无公害饲料生产、高效低毒药物和免疫制品生产、病害综合防治和产品质量控制等技术开发，并针对工厂化海水养殖、离岸网箱养殖、滩涂和浅海增养殖，建立5～6个海水养殖产业体系化示范工程，发展环境友好型养殖模式，促进海水养殖技术升级和产业良性发展。

（4）海洋装备制造业技术产业化示范工程。在沿海地区具有技术能力和转化条件的城市，建立海洋油气开发工程装备、海底管线电缆铺设维修装置的产业化基地，开展海洋油气资源勘探、深海作业、通讯导航船用电子仪器、机电设备等技术的中试，建立产业化示范工程，推动产业化进程。

（5）海洋监测技术应用示范工程。对已经形成的海洋监测技术装备成果进行产品定型和产业化技术开发，在北部海域、东海、南海的适宜海域，建设区域海洋监测示范系统，开展业务化运行示范与评估，全面应用和业务化运行调试各类监测技术产品，并在沿海地区形成应用示范区，形成1～3个海洋监测技术成果转化和产业化基地，促进海洋监测技术产业化。

（6）循环经济发展模式示范工程。以减少资源消耗、降低废物排放和提高资源利用率为目标，选择典型临海工业园区、海岛经济区、海洋旅游区，依托有关地方政府和海洋油气、化工、临海电力等重点行业相关企业开展试点，建立示范工程，探索循环经济发展模式。对于海洋开发过程中产生的废弃物（如疏浚泥等），开展综合利用示范，探索建立海

洋资源循环利用机制和海洋资源回收利用体系。

（7）海洋可再生能源利用技术示范工程。在条件适宜的海岛和滨海地区，建立海洋可再生能源开发利用技术的试验基地和示范工程，重点开发风能、潮汐能、波浪能、海流能发电和相关配套装备技术，提高能量转换效率及抗台风能力，建立高效多能互补发电示范系统，集成示范边远海岛和滨海地区通电保障系统。筛选高效海洋能源生物，建设产业链示范工程。

（8）海洋典型生态系统修复示范工程。选择典型海洋生态系统，建设3～5个生态修复示范工程，并在对自然资源、生态系统和主要保护对象影响评价的基础上，建立生态旅游示范模式。重点包括建立滩涂生态系统修复示范区，集成示范、推广耐盐植物修复技术；建立滨海湿地、红树林和珊瑚礁生态系统修复工程，实施退化区原位修复和异地修复技术开发和综合示范；建立功能衰退的养殖生态系统修复示范工程，综合示范应用养殖容量控制、人工鱼礁和海藻床建设等。

第九章　促进海洋能产业发展的人才政策

一、海洋能人才的价值和特点

（一）建设海洋能人才政策的重要性

在产业发展中，人才已经成为提高竞争力的关键因素和促进创新的核心驱动力。海洋能产业作为一种新型高新技术产业，努力培养出更多具有专业知识、跨界素质、创新精神、实践能力和能够参与国际竞争的高素质海洋能专门人才，对于其产业发展的推动将会有十分重要的意义和价值。

首先，海洋能人才政策与海洋政策中的海洋经济政策、海洋科技政策、海洋保护等紧密联系并互为依托。第一，我国作为海洋大国，今后的经济发展很大一部分离不开海洋事业的发展，海洋经济已经成为当今乃至将来的主要增长点，党中央和国家各级政府制定的各类海洋经济政策中均提到了海洋人才的培养及重要性。不仅海洋经济的发展需要更多更强的海洋人才队伍，海洋人才的培养也能为海洋经济的发展提供智力支撑，故海洋人才政策与海洋经济政策互为依托，共同促进。第二，海洋大国不必然为海洋强国，由于我国的海洋科技水平在世界民族之列还不够先进，比起美国、日本等海洋强国，我国的海洋科技水平还有待提高，在我国制定的海洋科技政策中必然需要海洋人才政策的支撑与帮助，具备了发展海洋科技需要的人才队伍和政策支持，海洋科技的进展也顺利许多。海洋人才政策的顺利实施也离不开海洋科技政策的指导，科技引导前进的方向，为人才的培养指明道路。海洋人才政策与海洋科技政策相得益彰，互为促进。第三，海洋能的开发与管理越来越成为各国竞争的焦点，成为今后国家发展的主要方向之一，因此，海洋保护也成为政策的主要研究内容之一。具备海洋保护意识的人才队伍成为海洋保护人员的主要群体，海洋保护也离不开海洋人才政策的支撑与人才提供。海洋保护政策的内容为海洋人才类型的培养与人才培养内容提供指导，共同促进海洋事业的可持续发展。

其次，海洋能人才政策的制定为人才队伍中的海洋人才培养提供政策引导，充实了我国的人才队伍，满足了海洋能产业和海洋事业发展对人才队伍的需求。我国现有的人才政策或人才规划中，或多或少地提到了海洋人才的内容，特别是 21 世纪以来制定的人才政策，其中对海洋人才的需求逐渐增多，对海洋人才的重视程度逐渐增强。故专门针对海洋能人才的政策不仅直接对海洋人才做出指导与规划，还进一步完善了人才政策体系。随着海洋事业的发展，我国的航运人才政策、海洋药物人才政策、海洋生物科技人才政策等在海洋企业、海洋研究所等均起到应有的作用，但不能起到共同的整体作用，只是发挥海洋各行业的人才作用。为了促进海洋事业的整体发展，和对海洋人才队伍的整体需求，涵盖

航运人才、海洋生物人才、海洋工程人才等多类别的海洋人才政策就呼之欲出，有利于各种海洋能人才的多方面培养，适应海洋事业对人才队伍的整体需要。

（二）海洋能人才政策的特点

海洋能人才政策作为一种人才政策，具有一般人才政策的内容。例如，中央适应地方需求、地方延续中央的政策经验；具备高层次人才、中端人才和基础人才相结合的人才政策；现实和将来发展相结合的当前和长久人才政策等。海洋人才政策也具有海洋能政策的独特性。例如，海洋能人才政策具有很强的针对性，特别是其政策对象范围主要集中在具有海洋能基本知识和海洋能专业知识的人才资源；海洋能人才的高层次性和拔尖性、创新性等决定了海洋能人才政策的高要求和独立性。其主要体现在以下几个方面。

1. 海洋能人才政策针对的地域性

海洋能人才政策的最大特殊性就在于其作用范围主要在于沿海省（自治区、直辖市），只有沿海地方对海洋人才的需求更加明显。如从北到南有辽宁省、北京市、天津市、山东省、江苏省、浙江省、上海市、广东省、海南省等地纷纷制定了适应各地海洋事业发展需求的海洋能人才政策。而内陆地区则很少有专门的海洋能人才政策，更多的是一般的适应当地发展需求的大众人才政策。

2. 海洋能人才政策行业性

一般人才政策更多的是人力资源和社会保障部、教育部等制定的全国性人才政策，而海洋能人才政策的主要对象决定其特殊性在于制定的主体更多分布于涉海的不同行业。如海洋能人才政策针对的行业涉及交通部、农业部、教育部、劳动部、国家海洋局等涉海单位等。特别是如此的机构部门才会制定专门的海洋人才政策，不仅了解本行业的需求，更能真正发挥政策的作用和提供相应的人才队伍。

3. 海洋能人才政策的专业性

海洋能人才政策主要服务于海洋事业的发展，由于海洋事业的特殊性决定了海洋人才的高科技能力要求、高技能要求、专业要求、素质要求等。不仅要求制定海洋能人才政策的制定者为具备专业海洋知识、浓厚的海洋意识、丰富的海洋从业经验等组织或人员，而且要求制定的海洋人才政策内容也能凸显海洋能产业的发展需要，挖掘培养更加专业、高素质、高技能的海洋能人才队伍。

二、我国海洋能人才政策现状

海洋面积占地球总面积的71%，面对现在陆地资源的紧缺，海洋资源成为今后各国和各行业经济发展的重点，目前国内外对于海洋能开发利用具有相同的基础，因此我国在海洋能的开发领域与欧洲国外处在相同的起跑线上，具有相同的创新和发展机会。而这离不开一支具备涉海基础知识和专业知识的从事海洋能并给海洋能事业能创造贡献的人才队伍。海洋能开发利用的科学技术和产业发展都需要大量的专业人才，这就需要国家和各级政府、部门出台相应的引进、培养、管理或是流动等内容的海洋能人才政策。

海洋能作为一个新兴的可再生能源利用领域，如何吸引、培养数量质量足够的人才就显得非常紧迫。我国先后出台了旨在“培养创新人才、增强科技实力”的相关政策，例如，科教兴国战略、可持续发展战略、985 工程、211 工程、《国家中长期人才发展规划纲要（2010—2020 年)》等。但是有关海洋能人才培养领域的研究比较欠缺，据统计的海洋政策体系中涉及海洋人才政策的有《国家海洋局青年海洋科学基金管理办法》《海洋公益性行业科研专项经费管理暂行办法》《海洋科技成果登记暂行办法》和《国家海洋局重点实验室管理办法（试行)》等，但海洋人才政策只是在规范性文件这一层次。《海洋综合管理与政策》宁陵（2009）我国现行的海洋战略规划中均涉及海洋人才政策的有关内容，如《中国海洋 21 世纪议程》《国家海洋事业发展规划纲要》《全国海洋经济发展规划纲要》《国家“十一五”海洋科学和技术发展规划纲要》《全国科技兴海规划纲要（2008—2015)》等。台湾行政院的人事行政局分管海洋专业人才的录用工作，2008 年 7 月正式设立了台湾海洋科技研究中心，其主要任务之一是培养海洋科技人才。2001 年 3 月制定了《海洋政策白皮书》，此后，台湾教育部积极推动海事人才培育工作。2004 年拟定“未来四年教育施主轴”行动方案，将海洋教育纳入其中。2007 年，正式公布《海洋教育政策白皮书》旨在通过海洋教育落实人才培育。

我国不同涉海部门现已出台各部门的海洋人才政策，但现在海洋事业的发展对海洋人才的需求越来越多，海洋人才政策供给与海洋人才政策需求之间产生供需矛盾，针对各种矛盾，需要认真分析其原因，以求找到完善我国海洋人才政策的对策。目前我国涉海部委和涉海机关结合本部门需要，制定了涉海类人才相关政策，例如：①教育部组织实施了“长江学者与创新团队发展计划”“新世纪优秀人才的支持计划”和“青年骨干教师培养计划”等；②劳动部制定了《海洋行业特种工种职业技能鉴定实施办法（试行)》；③国家海洋局也出台了《国家海洋局工人技术等级考核培训管理暂行办法（试行)》《国家海洋局享受政府特殊津贴人员选拔管理暂行办法》和《海洋站测报人员等级考核暂行办法》等。

另外，沿海政府也相应制定了适合本地的海洋人才政策，例如：①山东省制定了《山东省海洋经济“十一五”发展规划》和《山东半岛蓝色经济区发展规划》，其中均提到了海洋人才的重要性及培养建设等；②广东省和江苏省也分别制定了《广东省海洋经济发展“十一五”规划》和《江苏省“十一五”海洋经济发展专项规划》，其中连云港海洋局制定了《连云港海洋局“十一五”人才规划》；③浙江省于 2011 年 4 月召开海洋人才资源统计工作座谈会并围绕人才资源统计工作细则、报表制度、《全省海洋人才资源统计工作实施方案（讨论稿)》和《浙江省海洋科技人才发展规划工作建议方案（讨论稿)》等主要内容开展了交流讨论；④海南、厦门等地也制定了本地的海洋政策和人才规划。

总结全国各地的海洋政策和海洋人才政策，结合我国现实海洋人才队伍建设对海洋人才政策的需求分析，借鉴沿海发达国家及地区的海洋人才政策经验，本章将给出海洋能产

业发展的人才政策体系的构成进行分析，给出具体的政策建议。

三、国外海洋能人才政策经验

（一）美国海洋能人才政策及经验

美国作为海洋大国，一向重视海洋和海洋事业，2000 年建立了内阁级的美国海洋政策委员会，由 16 位专家组成。2004 年底，美国海洋政策委员会专门向美国国会提交了海洋政策正式报告，命名为《21 世纪海洋蓝图》，报告共分 9 部分，其中第三部分主要讲教育和公众意识在海洋管理中的重要性。主要内容包括增加中小学的海洋教育、制定终身的海洋教育、强化本民族的海洋意识培养和建立统一协作的海洋教育网等。2004 年，美国总统布什发布的行政命令《海洋行动计划》中，明确提出促进海洋终生教育，除了支持正式教育外（如 12 级的专科、大学等），还利用水族馆、动物园、博物馆和互联网等手段，为更加广泛的大众提供信息。其具体内容包括进一步协调海洋教育、扩大国家海洋与大气局的教育和宣传的权力、支持史密森研究所关于海洋科学的创议、扩大海岸带美国学习中心网络和在国际上扩大海洋补助金计划等。

美国的科研院在海洋人才培养中也发挥了重要作用。海洋科研机构和大学密切合作，共同培养海洋人才队伍和合作开展海洋科技与创新；海洋科研机构大多实行聘用制或合同制，促进了海洋人才的流动性和使用灵活性；大量社会资金和私人捐助支撑了海洋科研机构的运作，重视海洋科学知识的宣传与普及，树立海洋科技面向公众的理念等。

（二）日本海洋能人才政策及经验

日本认为卓越的科研环境对于吸引海外人才十分重要，因此日本政府十分重视并资助高校建设各具特色的国际高水平人才聚集高地。日本作为海洋国家，在 20 世纪 60 年代就推出“海洋立国”战略。《2002 年海洋建议书》中特别提出了完善日本海洋体制和机制的 6 个建议，第六部分即为充实青少年海洋教育及海洋学科之间的教育研究活动。《海洋基本计划》指出了实施海洋政策的基本方针，其中之一为充实海洋科学知识，增强国民对海洋的理解和促进人才培养。

（三）韩国海洋能人才政策及经验

近年来，韩国在科技领域的创新发展十分迅速。为了吸引人才回国，韩国政府专门制定了《技术开发促进法》，放宽政策，提供优惠、补助或基金，发放各种津贴和补助，使其在生活水平上不低于国外，以此来鼓励海外人才回国发展，依靠日益兴盛的国力和财力来保障国家对于人才的需求。韩国的海洋研究所管理规定中明确将“与国内外研究机构、产业界、大学、专业团体间的共同研究，技术合作及海洋专业人才的培养”作为一项重要的执行事业。2004 年，《韩国海洋 21 世纪议程》中将“培养海洋专门人才、提高全面海洋意识”作为推进韩国21世纪发展的重要措施，并建立“青年科学家进修计划”，将年轻科学家派往美、俄、日本等先进海洋国家进行人员交流。

（四）小结

纵观国内外海洋人才政策的研究现状，可以看出，国内海洋人才政策研究集中在我国海洋人才政策存在的问题及完善对策，国外海洋人才政策注重海洋科技人才的培养及相关政策。目前我国对海洋能人才政策的定义、范围、特性、内容等未予以明确界定，对海洋能人才政策存在的问题及完善对策研究没有明确的针对性，未对国外海洋能人才政策进行梳理、介绍，并给出完善我国海洋能人才政策的对策。

四、海洋能人才政策的构成

（一）海洋能人才政策的分层划分

根据海洋能人才政策的对象和政策制定主体可以划分为不同层次：从国家到地方的。例如，国家海洋局针对全国海洋人才制定的《全国海洋能人才发展中长期规划》即为宏观性的海洋能人才政策；各沿海省市制定的针对本部门、本区域的海洋能人才政策即为中观性海洋能人才政策；某市海事局制定的针对本局的海洋人才规划则是微观性的海洋能人才政策。此种划分的意义在于针对宏观、中观和微观的海洋人才规划，适用不同层次的海洋能人才政策，更有针对性，有利于对不同区域、不同行业的海洋人才分别指导。

（二）海洋人才政策的类别划分

同领域和不同工作也相应有管理、科技、技能、教育等各类人才需求，根据不同类别的人才制定不同类别的海洋能人才政策，如服务于海洋能政府部门、涉海企业高层机构的海洋能管理人才政策；指导于海洋能技术、涉海企业尖端科技的海洋能科技人才政策；传播全国海洋意识、服务于海洋教育的海洋能教育人才政策等。不同类别海洋人才政策的划分作用在于针对不同类别海洋人才的特点和作用，分别制定不同类别的海洋能人才政策，有利于各类海洋人才队伍同期建设与发展，适应各类海洋人才的需求。

（三）海洋人才政策的内容划分

一项完整的人才政策链由引进、培养、使用、激励、评价、流动等不同环节构成，海洋能人才政策也一样。完善的海洋能人才政策体系具备海洋能人才引进政策、海洋能人才培养政策、海洋能人才使用政策、海洋能人才激励政策、海洋能人才评价政策、海洋能人才流动政策等。整个政策体系由进入、使用和出口三个主要流程构成，这种政策体系构成有利于海洋能人才的长久成长以及长远使用和发展，更有利于海洋人才政策的完整和海洋

能产业的可持续发展与优化发展。

五、促进我国海洋能产业发展的人才政策体系

海洋能产业的资源配置中“人”的作用至关重要，如何吸引创新人才，引进、培养、使用都是需要的。为了促进我国海洋能的发展，提高我国海洋能产业在国际上的竞争力，完善海洋能政策体系，本书针对海洋能领域的人才政策，从人才设置、人才培养机制、人才保障、人才激励 4 个方面分别展开分析，并给出了建议。

（一）人才设置

海洋能产业所需人才设置以照顾到不同阶层和不同领域所需人才的特点，采用分级、分层的原则进行设置。根据它们不同的特点，不同种类的人才所需人数类似于一个金字塔，处于顶层的人才所需人数最少，随着对人才要求的降低人数所需逐渐增多，即 $x_1 < x_2 < x_3 < x_4 < x_5$。大致情况如图 9－1 所示。

1. 战略级规划人才

战略级规划人才主要包括智库、协会组织、政府顾问等。属于最顶层的人才设置。主要工作是：统筹规划整个海洋能领域的发展，研究全世界海洋能开发政策，制定符合中国特色的海洋能政策，完善现有的海洋能开发政策，并辅助政府制定新的海洋能政策。最顶层的人才起到引领我国海洋能的发展方向、制定海洋能的发展目标、把握海洋能的发展节奏、协调我国海洋能的开发资源等作用。

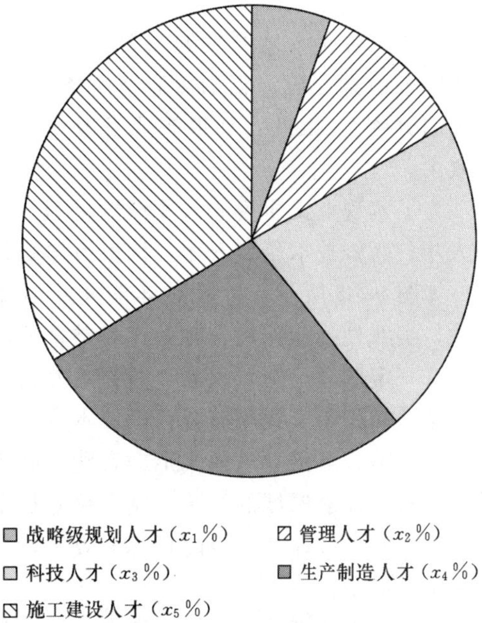

战略级规划人才（x_1%）　管理人才（x_2%）
科技人才（x_3%）　生产制造人才（x_4%）
施工建设人才（x_5%）

图 9－1　海洋能人才设置比例

2. 管理人才

管理人才具有中流砥柱的作用，小到一个民间智库，大到国家组织都需要管理人才。其主要工作是：计划、指导和协调机构的人事活动，确保人力资源合理利用，人事策略和招聘等。

3. 科技人才

科技人才主要包括专业科研机构、高校研究团队、企业单位等。这部分人才属于高技术、高能力的创新性尖端人才。主要工作是：重视基础研究和应用研究，加强技术研发和自主创新，注重技术装备的升级换代，加快科技成果转化等。起到促进我国海洋能开发领域的快速发展、提升我国海洋能开发技术在世界海洋能领域的占比、加大我国海洋能领域的影响力度的作用。

4. 生产制造人才

生产制造人才主要针对海洋能利用所需要的装置而设置，属于海洋能领域的基础性人才。主要工作是：制造海洋能发电、海水淡化等领域所需的设备，以及建设所需的其他装置；抛弃其他可再生能源开发设备从国外进口的历史，创造属于我国自己品牌的设备，加大我国海洋能领域在世界范围的影响力度。

5. 施工建设人才

不同于其他可再生能源施工建设队伍，海洋能因施工地点、施工环境等的特殊性，对施工建设人才需求也不同。因此专门设置针对海洋能领域的施工建设人才具有重要的意义。主要工作是：建设海洋能开发利用等场地。

（二）人才培养

人才培养是人才开发的重要基础及核心内容之一，人才培养的成效在很大程度上取决于相关政策环境。正如劳恩格所指出的："政策是价值的具体表达，其中包括资源和权利的分配"。因此，如果想要发展壮大人才队伍，就必须有一套成熟的人才培养和激励政策。

为了实现上文所说的人才设置目标，选拔和培养出海洋能产业发展所急需的高级复合型人才、高级技术研发人才，国家海洋能相关部门需要制定一个详尽的人才培养计划。

如图 9-2 所示，针对海洋能人才培养需要坚持理论性、实践性、特殊性、时效性相结合的原则。理论性是具有一定的理论知识积累，这是培养人才的基础；实践性是把知识与实践相结合，把课本所学应用在工程实践中，这是人才培养从模式走向实践的必备条件；特殊性是针对海洋能领域的特殊性制定培养技术，培养出对口人才；时效性即有一定的目标和效果，并且把目标和效果结合成统一体。

图 9-2　海洋能人才培养原则

针对以上原则，大致汇总和整理以下几种人才培养途径：

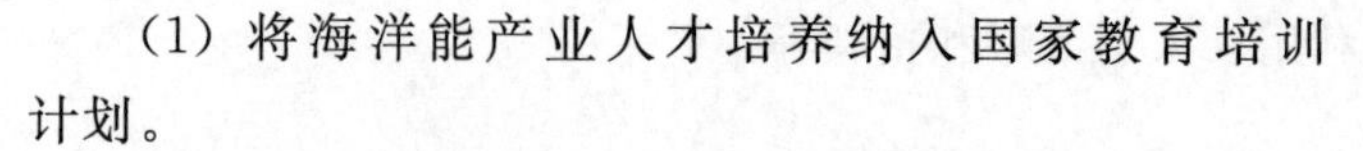
（1）将海洋能产业人才培养纳入国家教育培训计划。

（2）选择一批可再生能源领域相关学科基础好、科研和教学能力强的大学，设立海洋能源相关专业，增加博士、硕士学位授予点和博士后流动站。

（3）鼓励大学和企业联合培养海洋可再生能源高级人才，支持企业建立海洋能教学基地和博士后流动站。

（4）在国家派出的访问学者和留学生计划中，把海洋可再生能源人才交流和培养作为重要的组成部分。

（5）鼓励大学、研究机构和企事业从海外引进高精尖人才。

（6）鼓励和支持其他可再生能源领域的科研人员转行或拓展方向。

（7）海洋能相关知识的普及。

（三）人才保障

改革开放以来，邓小平同志提出“科学技术是第一生产力”“尊重知识、尊重人才”等政治理念，标志着最高决策层人才政治理念的质的飞跃，使人才的地位开始重回历史高位，相应地形成了几次大规模人才流动。江泽民同志提出“人才资源是第一资源”“尊重劳动、尊重知识尊重人才、尊重创造”“人才强国”的理念，使我国在加入世界贸易组织的大背景下，人才工作在更大的空间、更广的领域、更深的层次上得到重视和推动，人才与经济建设、社会发展、国际合作的关系逐步紧密起来，导致兴起新一轮跨世纪的人才流动高潮。

如今，各领域之间人才流动是经常的、绝对的，也是正常的事情。但是就某个具体的领域而言，尤其是新兴领域，其发展壮大的动力就是人才，拥有人才就拥有竞争优势，就可能在今后的市场竞争中获胜，故此，其人才队伍就应当保持一定的稳定性。而人才竞争取得胜利的关键就在于有没有合适得力的保障措施。如果没有规范的保障措施，即使引进培养出优秀的人才，也不一定能留住。如果一位精通某项先进技术的人员，突然“跳槽”，就可能阻碍该领域相关方向的发展，也有可能造成技术等的流失或机密泄露等。

影响人才流失的主要因素有表 9－1 所列的几个方面。

表 9－1　　影响人才流失的因素

影响因素	主　要　内　容
个人因素	对报酬和福利等不满意；觉得自我价值无法实现；人际关系没有处理好等等
组织因素	组织出现不公平的事情；不以能力、业绩、品德为导向，过分注重资历、学历、论文等因素
社会因素	人们日渐功利化等一些社会上的观念；对于价值评判标准的变化等一些消极因素
政策因素	国家的一些政策存在不完善、操作性不强等缺点；相关人员的权益等得不到很好的保障

为减少或者避免人才流失的发生，相关领域需要制定完善的人才保障政策，从生活保障、就业保障、制度保障等方面来分析，并给出建议。

1. 保障就业解决后顾之忧

为培养相关人才，各高校都设置相关专业，增加了博士点、硕士点的设置，引进一批国外人才。吸引这部分人的加入涉及最基本的就业保障。只有使他们的就业得到保障，解决了这部分人的就业问题才可能让他们有勇气加入这个新兴领域。

2. 增加薪金和福利留住人才

国内一般企业的薪酬包括基本工资、技能工资、业绩奖和福利。目前股票期权制也被越来越多的企业采用，但是结果并不尽如人意。因此在人才竞争日趋激烈的今天，应该经常根据本行业市场变化、个人表现、工作能力等因素，本着公平公正的原则，对人才的薪酬进行调整。

为人才提供一个全方位的福利已经是一个无法避免的责任，福利的设置可以解决人才的后顾之忧，让他们安心工作。设置福利要坚持公平、实用、完整的原则。一般福利设置包括 4 类：①生活类，主要包括饮食津贴、住房津贴、交通补贴、社会活动赞助、托儿服务等；②工作类，主要包括学习津贴、深造补助、特殊岗位津贴、劳动保护等；③法律类，主要包括养老保险、疾病保险、工伤保险等；④奖励类，主要包括绩效奖金、公积金、带薪年假等。

3. 实现个人价值

随着现在人才的全面发展，个人价值的实现成为很多人追求的事情。人力管理人员应该根据人才的工作能力、兴趣、价值观念等科学的安排工作和工作内容，使每个人都有一个适合自己的工作岗位。这会使人才觉得自己受到尊重，并会有一种成就感，因此对事业的忠诚度也会提高。

4. 人才定期培训和国际交流

通过培训和交流使人才增长知识储备、提高技能、增长自信，激发其创造力和潜能。同时也能让他们体会到他们受到重视，进而提高工作效率、提高忠诚度，促进整个领域的发展。

5. 法制保障制度

人才管理也需要通过法律的形式，使他们更加稳定并作为其行使权力的重要依据。以科学化、规范化、制度化的手段推进人才管理工作，使人才的安全、权益得到保障，成果得到保护。

（四）人才激励

激励即鼓励和激发，以外部的刺激最大限度的增强被管理者的积极性、主动性和创新性，从而实现管理目标。只有有针对性的激励海洋能产业的人才，才能使其充分发挥积极性、主动性和创造性，这是增强海洋能产业市场竞争力的关键因素。制定人才激励政策对于海洋能人才的发展具有重要意义，有助于刺激海洋能的快速发展，有助于实现海洋能发展目标，有助于缓解海洋能产业在能源领域的面临的竞争压力，也有助于弥补海洋能自身发展的特点的不足。

人才的激励需要坚持按需激励，海洋能产业是一个高新技术产业，具有一定的特殊性，对各种人才的需求有所不同，应当满足对人才的差异性需要，最大限度地提升人才激励效果；人才激励需要坚持公平、开放，激励能否做到公平、开放，将会直接影响企业的激励效果，不管是什么样的人才，在激励制度的实施过程中要做到不偏不倚，确保制度面前人人平等，才能保证激励效果，使各类海洋能人才发挥自己的作用；人才激励还需要坚持内容丰富，要充分了解把握好人才的各种不同需求，有针对性地制定激励方案，实现激励效果的最大化。

激励制度的建立与完善是一个企业应当不断探讨和实践的过程，海洋能的人才政策必须高度重视人才激励机制的完善，全面提升人才的激励效果，这样才能为海洋能产业的发展注入更多的正能量。综合来说在海洋能产业的人才激励中可以采取的方式主要有以下几种。

1. 薪酬激励

获取薪酬是每个人参与工作的基本目的，因此企业的薪酬激励显得尤为重要。在海洋能人才引进初期，国家也应当给予海洋能人才及相关的研发技术一定的资金投入和补贴，设立研发基金，在薪酬上吸引更多的海洋能人才。对于企业中的核心人才，他们的需求也是各异的，必须将薪酬与人才创造的价值所挂钩，对不同的核心人才采取不同的激励方式，建立项目工资制、科研人员课题工资制等，建立完善的绩效评价体系。

2. 晋升激励

对于核心人才来说，其职业发展前景和职业晋升空间是决定他们去留的主要因素。一些公司采用了双重职业途径，通过设计管理、技术两条职业发展路径，分别在管理和技术部门建立升迁途径，一些只想从事技术工作的核心人才按技术级别进行晋升，这对于对技术要求较高的海洋能产业是可以借鉴的。在海洋能企业成立和形成的初期，要给予那些有海洋能专业素养、有技术研发能力、有创新能力的人才更具吸引力的职位晋升，让他们看到企业的发展潜力以及自己的在企业中的重要性和目标明确的职业生涯。

3. 机会激励

机会激励是指通过各种学习、培训、指导及获得挑战性工作的机会，来激发核心人才的工作兴趣，提高其知识创新能力，从而提升企业的核心竞争力。从业者关注自己在市场变化中能否发挥其知识专长，更关心自己是否有获得知识更新、提升自己能力的机会。因此，海洋能企业应给予他们一定公平竞争的机会，将培训作为一种奖励，并富予其挑战性工作，让核心人才看到其从事工作的重要性，激发他们的使命感、归属感和认同感，满足核心人才自我价值实现的需要，提高海洋能相关企业的经营管理水平。

4. 情感激励

加强与核心人才的沟通，对他们尊重、肯定、理解、支持、信任、关心，提高核心人才对企业的忠诚度。通过沟通使他们将真实的情绪表达出来，提出工作中的意见、建议，表达自己的挫折感和满足感，释放情感、情绪来满足员工的社交需要。同时，通过交流可以共享相关的专业知识、沟通相关的技术和创新的想法，有利于人才之间互相学习、共同提高，促进海洋能企业的改革与发展。

除了上述的主要激励手段外，对核心人才的激励还可以采用环境激励、名誉激励、弹性工作时间等其他激励手段作为补充。通过环境激励为核心人才提供创新、协作的工作环境，倡导核心人才之间的尊敬、团结与协作，建立核心人才与企业的“认同”，增强企业的凝聚力；通过名誉激励展示核心人才形象，鼓励和资助他们参加学术交流、出席专业性会议，甚至以他们的名字来署海洋能领域的一项科研成果或重大发现，满足他们尊重的需要。

（五）小结

海洋能作为一个新兴的战略性产业，在我国得到了高度重视和大力发展。海洋能领域政策法规相继出台，但是有关海洋能领域的人才政策缺失。在这个科学技术迅猛发展、国际交往和合作更加紧密、国际竞争日益激烈的时代，人才成为推动社会和经济发展的主要力量。资源配置里面“人”的作用是至关重要的，如何吸引创新人才，引进、培养、使用人才，都是需要我们去好好思考。为了促进我国海洋能的发展，提高我国海洋能产业在国际上的竞争力，完善海洋能政策体系，本部分针对海洋能领域的人才政策，从人才设置、人才培养机制、人才保障、人才激励 4 个方面分别展开分析，并给出了建议。希望对今后海洋能领域人才的培养有所参考，对海洋能领域的发展有所促进。

第十章　海洋能开发利用的管理协调机制

一、我国海洋能管理机制存在的问题

海洋能研究、开发、利用涉及面广，工程复杂，对各方面的要求都相对较高。目前我国海洋能的开发利用缺乏相对统一协调、具有全局性的管理体制，出现了管理脱节和“集体行动”低效的现象。以地方行政部门和行业管理部门交叉管理为特征，没有达到综合管理的要求。部门、行业之间协调配合效率低，存在“多头管理”的交叉、重复的管理机制，往往造成效率低下、程序复杂、部门协调交易费用较高等现象，难以保证海洋能开发利用活动的顺利进行，制约了海洋能的研发和商业化、产业化运作。

（一）各职能管理部门分割

海洋能的开发利用涵盖发电、上网、电价、费用分摊等多个环节，涉及能源主管部门、海洋管理部门、定价部门、财政部门、电网公司等多个部门和企业，各部门和企业需要将各种的职能进行有效衔接和合理机制，才能保证整个海洋能产业有序发展。然而在目前情况下，受成本、技术约束和部门利益等各方面条件的约束，加之缺乏综合管理部门的协调，在没有综合明确的法律法规对这些部门的责、权、利进行规定的情况下，具体操作中这些职能管理部门很难达成有效的“集体活动”，海洋能的开发管理仍处于国家多职能部门分割管理的状态，这将不利于海洋能产业的可持续发展。

（二）行政分割、行业分割、海陆分割

我国的海洋管理是以行政地域分割的，海岸和相应的海域被沿岸县区级行政单位分割成242个部分，并由各县分别负责日常管理；每个县级单元中不同的海洋事务又分属不同的行政部门管理；且海洋管理中海陆是分离的，即使是同一类事务，也可能因为发生在海洋或者陆地而规划为不同的管理部门。这样分割式的管理体制使海洋能的开发难以形成统一、全局性的规划和战略，多头管理、跨区管理、重复管理等现象严重，管理缺位、越位等问题重生，给海洋能项目工程的正常进行带来很多障碍，阻碍了海洋能的有效开发和利用。

（三）利益的协调机制不完善

目前地方政府在海洋能开发利用中的地位没有受到约束、责任没有得到明确，这使得

地方政府往往会为了获取经济利益而把适合作为海洋能开发的土地审批卖给其他的开发商，海洋能的理想土地遭受到占用和破坏，严重影响海洋能产业的后续健康发展。如果国家利益和地方利益的协调机制和制度框架不得到完善，则海洋能的发展也将会受到很大的阻碍。

此外，由于受到旧体制的束缚，新兴海洋能产业的发展缺乏协调，产业与沿海市地之间、产业与行业之间、产业与环境之间存在着矛盾，阻碍了海洋能产业的发展。如何协调各部门对海洋能的管理、统筹各方力量，高质高效地实现对海洋能产业的无缝服务，形成支持海洋能产业持续健康发展的长效机制，是目前我国海洋能产业发展面临的主要管理问题。

二、海洋能综合管理

（一）综合管理的基本概念

国外的经验表明，在海洋能的开发利用管理中必须坚持综合管理的理念，综合管理制度是形成一套海洋能产业发展的合理的体制机制。综合管理即国家通过各级政府，运用先进的科学技术，对其所属海洋国土的空间、资源、环境和权益等进行的全面统筹协调的管理活动。

（1）海洋综合管理不是对海洋的某一局部区域或某一方面的具体内容的管理，而是立足全部海域的根本和长远的利益，对海洋整体内容全覆盖的统筹协调性质的高层次的管理形式，它是海洋管理的新发展。

（2）海洋综合管理的目标集中于国家在海洋整体上的系统功效和继续发展、海洋持续开发利用条件的创造。这是局部或行业管理难以达到的目标。

（3）海洋综合管理侧重于全局、整体、宏观和公用条件的建立与实践。它不涉及具体的管理活动，如行业资源开发利用活动的管理等。因此，海洋综合管理所采用的必须是战略、政策、规划、计划、区划、立法与执法、行政协调等宏观控制手段。

（4）国家管辖海域之外的海洋利益的维护和取得也是海洋综合管理的基本内容。公海区域的空间与矿产资源，是全人类的共同遗产，合理享用是各国的权利，当然也有保护和保全公海区域环境的义务。

（二）综合管理的主要内容

根据有关法律规定和实践，目前，海洋综合管理的基本内容主要包括以下几点。

1. 海洋权益管理

运用法律对国家管辖海域实行有效管理，防止外来力量的侵犯、侵占、损害和破坏，维护海洋权益。

2. 海洋资源管理

通过海洋功能区划和开发规划，指导、推动、约束海岸带、海岛、近海、专属经济区及大陆架等资源的开发利用，以形成合理的产业布局，使海洋经济持续协调发展。

3. 海洋执法监察管理

通过建立适应海洋行政管理工作需要的海洋巡航执法业务体系，全面监视近岸海域，基本控制国家管辖海域内的各类活动及突发事件，及时查处海上违法活动。

4. 海洋科技与调查管理

通过组织海洋科技重大项目，加强海洋基础科学和高新技术研究，建立海洋知识创新体系。搞好军事海洋环境调查和其他海洋战略资源环境调查。积极推进海洋科技产业化进程，大力开展“科技兴海”工作。

5. 海洋环境管理

以保护和改善海洋环境、维护海洋生态平衡为目标，划定近岸海域环境功能区，对海水水质实行分类管理。通过监测与监视规范、标准和法律的贯彻执行，控制陆源、海岸工程建设项目、海洋工程建设项目、海上船舶、海洋倾废等污染源对海洋环境的污染损害，以及开发利用活动对海洋环境的有害影响，防止生态环境和生物多样性遭受人类活动的过度破坏。

6. 海洋保护区管理

把需要保护的环境、资源和遗迹等对象，连同分布的海域和陆域，依法划为海洋自然保护区。

7. 海洋公益服务管理

海洋公共基础设施和海上活动的公共服务系统，是认识海洋、减灾防灾、保障海上安全的必备条件。建设和管理这类公益事业也是海洋综合管理的基本任务。

（三）综合管理的手段

海洋综合管理主要有 3 种管理手段，即法律手段、行政手段和经济手段。

1. 法律手段

法律手段是加强海洋综合管理的最基本手段。将符合国情的发展海洋事业的方针、政策及行之有效的重大管理措施用法律形式固定下来，为科学、合理地开发利用海洋提供重要的法律依据。这样，不仅可以全面地体现国家政策的要求，而且也能为海洋管理的其他手段如行政、经济等手段提供法律依据。

2. 行政手段

所谓行政手段，是国家行政主管部门根据法律的授权和国家行政管理部门的职责分工，在海洋管理中采取的行政行为，包括行政命令、指示、组织计划、行政干预、协调指导等。其中，协调是各类海洋管理机构的一项基本职能，被广泛地用于调整国内各地区、各部门、各产业之间的关系和开发利用海洋的各种活动。在协调的同时，国家海洋管理部门还可采取行政干预措施，直接干预海洋开发活动和海洋产业的发展，以确保海洋及其资源的合理开发和利用，使各海洋产业及其开发利用活动不仅符合地方和部门的当前利益，而且符合国家的发展目标和长远利益。

3. 经济手段

所谓经济手段，是指运用经济措施管理海洋，经济措施分为奖励性、限制性和制裁性3种。例如，为促进新兴海洋产业的发展，国家可采取一些经济优惠措施来扶持；对于需要限制或保护的资源如填海和海砂开采等，国家可加大调控力度，限制开发时间、品种及数量，加大税收和提高海域使用金征收标准等；对违反有关规定或造成损失的，在依法处理的同时，可采取经济措施予以制裁。

（四）海洋能综合管理的意义

综上所述，综合管理是涉及海洋的资源、环境以及权益等多个方面的整体、综合的管理方式。对于海洋能这种新型产业来说，其开发利用涵盖涉及的内容很多，其开发难度大，工程作业复杂，对各方面的要求也很高，一旦不能够科学综合地对海洋能的开发利用进行管理，那么海洋生态环境的破坏、各方的利益矛盾冲突、与社会和经济的关系等各种问题，都将是不可避免的。因此，只有对海洋能的开发利用进行综合管理，才能推进海洋能产业的稳步前进，保证其发展的健康有序，推动其未来的可持续发展。

目前，我国海洋管理还停留在以地方行政管理和行业管理为主的层次上，并没有形成综合管理制度，这将不利于海洋能资源的统筹规划和有效可持续开发利用。由于缺乏综合管理机构和部门的协调，各职能部门无法对海洋能的开发利用进行有效的管理，无法保证海洋能产业的稳定、协调发展。从2006年以来，我国颁布实施了《可再生能源发电价格和费用分摊管理试行办法》《电网企业全额收购可再生能源电量监管办法》等政策，明确了对可再生能源发电上网的优惠政策，但这些政策主要是针对陆上风电、小水电和太阳能发电等产业的，对海洋能产业没有明确的规定，因此需进一步制定针对海洋清洁能源的相关政策或管理办法，努力达到海洋能综合管理的要求。

三、建立海洋能开发利用的管理协调体系

海洋能的开发利用涉及方方面面，如果没有足够的人力、财力、物力和科技力量，企业和研究机构将会很难介入。因此，海洋能开发利用的管理协调机制就显得尤为重要，只

有调动和协调好各方的力量，发挥综合优势，才能将我国海洋能开发利用的工作不断推向前进。

（一）统一领导，整体规划

首先，海洋能产业的综合管理制度应有一个综合、整体的规划作为指导，这个规划建立在海洋功能区划而非建立在行政区划的基础上。由国家海洋主管部门统一领导，有关部门、企业、研究单位分工协同配合，国家牵头单位要尽快进一步查清我国近岸海域海洋能的蕴藏量及分布特点，以便制定综合、整体性的发展规划。

（1）选划优先开发区，统筹安排好各个区域的资源，制定合理的开发计划，确保在最优利用的同时也不影响当地的生态环境。

（2）充分发挥财政资金的作用，建设具有导向性的示范实验基地，强力扶持关键技术产业化规范；海洋能综合开发利用技术研究与实验，形成官、产、学、研有机结合的创新体系。

（3）提前充分考虑整个海洋能发电的各个管理环节的衔接工作，着手研究海洋能标准、电价、接入和系统安全等规范性工作。

（二）明确分工，通力合作

目前，我国涉及海洋能开发与管理的核心权力被分散到各个职能部门，这种分散式管理体制的存在会产生职能交叉、政监不分、权责纠缠不清等问题。为了避免这种多头管理、跨部门监管的问题，应当成立整体性的领导协调机构来管理和协调全国海洋能开发的项目，调动各方面的积极因素，协同配合，通力合作。拟设定的管理体系如图 10 - 1 所示。

可在国家层面上组建由国家发改委、能源局、海洋局、国家电网公司等相关政府部门、单位以及沿海各级政府的相关部分共同参与的领导小组，编制领导小组的权力规程，负责统一指导、协调和管理海洋能开发项目，建立起有效的信息共享机制，确保各部门间工作的协调一致。在此基础上，成立海洋能战略规划组，成员由全国海洋能各个能源领域的专家组成，为海洋能的发展制定详尽的路线图，作为海洋能发展的国家智囊团；同时，成立组建跨行业的海洋能开发利用重大科研课题项目组，建立海洋能开发利用的技术标准体系，以技术标准防范项目风险；围绕海洋能开发战略目标进行重点项目的技术攻关，以重点项目带动海洋能开发利用技术和海洋能产业发展。

（三）利益协调，有序竞争

完善当前海洋能的行政管理体制，充分发挥地方的积极性。国家应与省（自治区、直辖市）、地（市）政府合作，加强能源开发利用项目的审批管理，完善相关政策，协调好各自的利益，避免无序竞争，保障地方政府不会干扰所在区域的海洋能开发建设，对征用

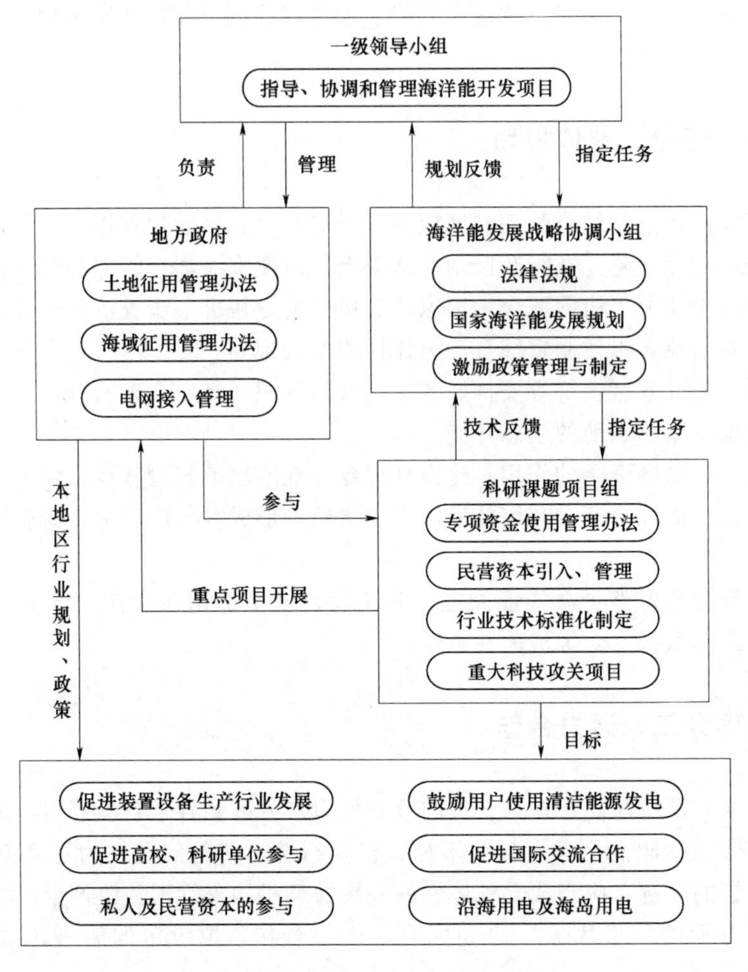

图 10－1　海洋能综合管理协调机制

土地及使用海域享有独立优先权，确保海洋能开发利用的健康发展。

(四) 加强监督，科学管理

要加强海洋能开发利用的监管体系建设，只有科学规划和管理海洋能的开发利用，才能促进我国海洋能产业持续健康发展。为此，应当建立海洋能开发利用监督管理办公室，其主要职责是建立完善海洋能开发利用的监督体系，具体包括以下内容：

(1) 国家及地方海洋能开发利用的规划管理、海洋能调查管理、资源环境评估、海域使用审批。

(2) 开展海洋能电站检测及评估、独立电站运行管理、并网电站运行管理。

(3) 开展国际合作与管理。

海洋能产业作为新兴产业，在快速发展过程中，机制体制建设如果跟不上步伐，其发展就会受到很大的制约。因此，应建立健全海洋能的管理协调机制体制，加强海洋能战略

综合管理，深化体制改革和产业结构调整，改变落后的思想观念，实现管理工作的规范化、制度化。尽快确定行业标准并用法律进行规范，统一的行业标准能使企业明确研发方向，规范企业的生产经营。企业自身要制定完善的质量管理机制，对质量标准进行严格控制，做到节能降耗，提高效率，控制成本。未来要保持我国海洋能产业的健康、可持续发展，除了资金支持外，还需要政府尽快制定有关海洋能产业发展的综合管理体制。在实现新能源产业规模化进程中，政府有关部门应该对海洋能产业的发展加以引导和扶持，时刻关注国外海洋能发展状况，并充分考虑我国海洋能现状、技术发展水平、市场需求等因素，制定出切实可行的配套法规细则，为海洋能产业发展提供指导。处理好和地方，东部和西部，以及政府、企业和民众的关系，协调好各方的利益。通过各种优惠政策鼓励新能源领域的研发投入，为海洋能发展提供有利条件。

第十一章　我国海洋能政策发展路线

当下，风能和太阳能都是间歇性技术，发电小时数大都在2000小时左右，只有在太阳照射、有风的时候才能发电。为了推动风能、太阳能的普及，并取代化石燃料，能量储存技术成为当代科技的重中之重，国外和我国都投入巨资研发能量储存技术。随着各国对储能技术、电池技术和其他能量储存技术的大量投入，可再生能源取代化石能源不是能不能实现，而是这一转变何时发生。海洋能有着永恒持久的巨大的能量，海洋能新兴技术的发明预示着与储能技术并驾齐驱的能源契机。因此，建议国家成立海洋能科技研究园，集中全国一流的科技研究精英，利用我国综合智力优势实现人类进步的重大科技突破。

在陆地资源消耗殆尽之际，世界各国纷纷开始重视海洋资源和相关产业的研究与开发。为了应对日益激烈的国际竞争，实现建设海洋强国的目标，以发展新兴技术为突破口，以海洋产业的科技创新为切入点，以基于生态系统的海洋综合管理为发展观念，制定我国海洋能产业的发展路线图，积极推动海洋能产业在国家“十三五”期间实现跨越式发展，进而带动海洋经济发展方式的转变。

一、总体技术路线指导思想

（一）以国家政策法规和国家能源政策法规为指导，服从服务于国家能源发展战略

海洋能相关政策法规是国家政策法规和国家能源政策法规体系的组成部分，必须服从国家的总体方针和政策，并与其他相关行业的政策不冲突，协调运行，互为补充。

（二）坚持发挥市场在配置资源中的基础性作用

要通过海洋能法律法规的建设，加强海洋能市场的培育，规范市场秩序和参与者的行为；建立明晰的金融、财税制度和基于市场调节的价格形成机制和政策，充分体现约束与激励相结合的政策导向作用。

（三）坚持科技引领，规模与质量并重的原则

发展海洋能为我国先进能源技术的研发实现跨越式发展创造机遇，必须坚持科技导向，以科技创新引领产业发展。我国海洋能产业政策应鼓励技术研发及技术创新，坚持海洋能利用规模及技术先进并重的原则，坚持海洋能开发规模与利用量并重的原则。

（四）坚持激励与规范并重的原则

当前我国海洋能相关政策法规体系“重激励轻规范”的问题突出，不利于我国海洋能产业的健康发展。建立健全我国海洋能政策法规体系要坚持激励与规范并重的原则，近期要加强规范，包括相关标准的制定、监测认证体系的建立等，实现海洋能产业的可持续发展。特别是对于发电设备制造企业既要给予财政及金融等方面的激励政策，鼓励其发展，又要加强对发电设备技术性能的规范管理。

（五）坚持协调发展的原则

海洋能政策法规要有综合性和全局性，体系的建立要坚持协调发展的原则，既要实现制造企业、发电企业和电网企业的协调发展，又要实现发电、输电、用电环节的协调发展。要建立发电、输配及用电环节补偿与激励的完整配套产业政策，构建包括发电、并网、用电在内的完整的激励政策体系。

二、制定海洋能发展路线的基本原则

（一）总体规划，地方细化

海洋能开发利用的一个重要前提是依赖其自然条件，不同的地区拥有不同种类的海洋能资源，可能有些地区潮汐能丰富，有些地区波浪能丰富。因此，根据我国能源战略，国家对海洋能开发进行总体规划，地方以法规和规章的形式制定有利于当地海洋能发展的法律规范，从而细化和完善海洋能政策体系。

（二）目标明确，分步发展

海洋能产业是新兴产业，其初期发展和长期发展有着不同的发展特点和需求，应结合海洋能发展特点制定合理规划，认清发展阶段，明确不同发展阶段的目标和任务，据此制定海洋能政策，为海洋能发展提供动力和方向。

（三）因地制宜，重点开发

根据我国不同的地理条件和海洋能开发的技术水平，有重点、分步骤地进行开发。以目前的情况来看，我国的潮汐能、波浪能和潮流能发电的技术比较成熟，应重点开发，温差能和盐差能尚处于研究试验阶段，因此，可以稍微延迟开发。

（四）科技进步，自主创新

提高自主创新能力作为建设创新型国家的重要举措被深入贯彻到各行各业中。海洋能的开发作为一项高新技术产业，有必要在法律中体现对海洋能科技自主创新的支持和鼓励，加快海洋能开发利用的技术进步，提高设备制造能力。对海洋能开发有贡献的单位和个人进行奖励，一方面可以提高科研的积极性；另一方面也可以减少对国外技术的依赖性。

（五）经济激励，市场约束

国家通过经济激励政策支持采用海洋能发电技术解决能源短缺、边远地区无电问题，发展循环经济。同时，国家建立促进海洋能发展的市场机制，运用市场化手段调动投资者的积极性，提高海洋能的技术水平，推进可再生能源产业化发展，不断提高海洋能的竞争力，使海洋能在国家政策的支持下得到更大规模的发展。

（六）两头兼顾，协调发展

在开发时，要兼顾国家与地方的利益，政府与公众的利益。无论是何种能源的开发利用，都是一个从环境中攫取资源、破坏和污染环境的过程。海洋能是相对于传统化石能源的清洁能源，但不可能做到对环境没有丝毫的影响，尤其是对海洋生态环境，因此在开发时应力求做到经济效益最大化和对环境影响最小化。

（七）市场产业，互相促进

对资源潜力大、商业化发展前景好的海洋风电等新兴可再生能源，在加大技术开发投入力度的同时，要采取必要的措施扩大可再生能源的市场需求。

三、海洋能产业发展的4个阶段

在第五章中，结合海洋能开发利用的特点和原则，将海洋能的发展划分为4个阶段，即初步开发、试用成型、完善补充和稳定发展。在海洋能发展的不同阶段，其主要制约因素也不尽相同，因此准确抓住特定阶段的关键制约因素对海洋能的健康发展至关重要。

（一）初步开发

初步开发是指学术界和市场开始对海洋能感兴趣，相关人员意识到海洋能潜力巨大、利润丰厚，但对具体如何开发利用尚未有清晰的概念。这个时期的主要制约因素是优秀科技的研发。考虑到海洋能种类多样，各种海洋能之间的关系又错综复杂，此时应放宽对企

业的准入限制，并给予适当的金融支持，同时大力鼓励科研院所对前期技术专利的设计和高水平论文的创作，群策群力，以期出现海洋能利用技术的大规模涌现。

（二）试用成型

试用成型是指海洋能开发利用技术已经逐渐增多，但具体哪些技术在实际生产过程中具有良好效果还不能确定。这个时期的主要制约因素是样机生产和小规模试用。考虑到海洋能利用样机的成本较高，此时政府应当给予更多的财政贷款支持，同时经过专家评审重点扶持一批有代表性的海洋能企业，以期发现海洋能技术在实际生产中可能出现的各种问题，并研究解决方案。

（三）完善补充

完善补充是指小规模的海洋能利用已经实现，需要扩大规模，将海洋能在我国能源利用占比逐步提高。这个时期的主要制约因素是生产和市场。考虑到海洋能企业数量迅猛增加，政府应以市场为导向，优先发展东南沿海这些开发方便且需求急迫的地区，制定相应技术标准，提高企业准入门槛，保证各种海洋能有序互补地高速发展；同时考虑到海洋能利用是一项新技术，专业人员数量不足，需要通过政府引导来训练和培养一批具有专业素养的从业人员，以促进生产规模的扩大。

（四）稳定发展

稳定发展是指海洋能的大规模利用已经成熟，开始向稳定长期提供能源和进一步提高在我国能源中的占比前进。这个时期的主要制约因素是规范和监督。需要制定严格的技术标准和法律法规，以确保海洋能生产的安全性和稳定性；同时需要在企业的资金和技术方面设置较高的准入门槛，防止因某些企业产品质量不合格而扰乱市场秩序，影响海洋能产业的良性发展，同时主要的成熟技术集中在较少的企业中，要监督这些企业的发展路线防止其进行垄断。

四、我国海洋能政策发展路线图

在海洋能产业发展过程中，政府目前的角色地位是战略规划的总设计师、法律政策的制定者、电价机制的改革者、公共信息的发言人、生态环境的监督者。但是随着海洋能产业的从初步开发、试用成型进入到完善补充阶段，最后进入到稳定发展阶段，政府的作用和产业政策也应该随之调整，这样才能更好地促进海洋能产业的发展。因此，针对海洋能产业的不同发展阶段，本书从行政手段、经济手段、技术手段和法律手段所采取的措施，对我国海洋能产业政策的发展做出初步设想。拟将初步开发和试用成型的时间设定为2015—2020年，完善补充设定为2020—2025年，稳定发展设定为2025—2030年。

（一）行政手段

从准入政策和产业布局方面进行规划，见表 11－1。

表 11－1　海洋能政策的行政手段

行政手段	初步开发	试用成型	完善补充	稳定发展
准入政策	放宽准入限制，鼓励创新	对好的项目进行专项扶持	制定相应的技术规范，提高准入门槛	对企业的准入提出较高要求，设定资金和技术门槛
产业布局	主要发展我国东南沿海地区，保证各类海洋能同时发展	在山东、浙江、广东等沿海地区培育具有一定规模的海洋能综合产业基地	产业布局细化，突出地方优势，合理配置资源，减少重复建设	将海洋能利用扩展到我国环渤海和东海地区，同时形成产学研一体化格局，实现海洋能和储能技术的重大技术发明、科技突破和应用

（二）经济手段

从科技投入、财税政策、金融政策方面进行规划，见表 11－2。

表 11－2　海洋能政策的经济手段

经济手段	初步开发	试用成型	完善补充	稳定发展
科技投入	对科研院所投入海洋能技术研发专项技术资金	增大海洋能研发专项基金投入力度	设立企业海洋能技术研发的专项扶持资金，对做出一定科研成果的企业给予资金奖励	鼓励企业、高校和科研机构共建，保证企业拥有一定的技术研发能力。同时，进行国际化科研布局，成立国外研究中心
财税政策	开始调研和起草有利于海洋能企业生存和发展的财税政策	对符合标准的企业五年内免征所得税，对企业的产品给予一定的补贴	制定吸引风投资金和鼓励科研创新的税收政策	逐步减少对成熟海洋能产业的资助

（三）技术手段

从行业标准、专利论文方面进行规划，见表 11－3。

表 11－3　海洋能政策的技术手段

技术手段	初步开发	试用成型	完善补充	稳定发展
行业标准	召集专家分析和起草有前瞻性的行业标准	制定海洋能产业技术标准和技术规范	逐步完善海洋能产业的成果评价体系，鼓励有代表性的企业和科研机构参与技术标准和技术规范的完善	以国家为主体制定国家标准，以行业为主体完善行业规范

续表

技术手段	初步开发	试用成型	完善补充	稳定发展
专利论文	鼓励科研院所进行前期的技术专利设计和论文创作	在示范性工程中产生更多实用性较强的专利和论文	建立海洋能产业专利数据库，实现专利系统化管理	重视专利和标准竞争，构建以龙头企业为核心的开放式创新体系，通过专利池和标准平台打造自主创新平台

（四）法律手段

从法律体系的建设方面进行规划，见表 11－4。

表 11－4　海洋能政策的法律手段

法律手段	初步开发	试用成型	完善补充	稳定发展
法律体系	制定试行的海洋能发展规范	制定《我国海洋可再生能源法》，为海洋能开发利用提供法律保障	制定《我国海洋能产业发展与规范法》，引导和规范海洋能产业化发展，建立健全海洋能产业发展的法律保障体系	保证海洋能相关法律的实施，积极参与国际海洋产业的立法工作

附录一　中华人民共和国可再生能源法

（2005 年 2 月 28 日第十届全国人民代表大会常务委员会第十四次会议通过
根据 2009 年 12 月 26 日第十一届全国人民代表大会常务委员会第十二次会议
《关于修改〈中华人民共和国可再生能源法〉的决定》修正）

第一章　总　　则

第一条　为了促进可再生能源的开发利用，增加能源供应，改善能源结构，保障能源安全，保护环境，实现经济社会的可持续发展，制定本法。

第二条　本法所称可再生能源，是指风能、太阳能、水能、生物质能、地热能、海洋能等非化石能源。

水力发电对本法的适用，由国务院能源主管部门规定，报国务院批准。

通过低效率炉灶直接燃烧方式利用秸秆、薪柴、粪便等，不适用本法。

第三条　本法适用于中华人民共和国领域和管辖的其他海域。

第四条　国家将可再生能源的开发利用列为能源发展的优先领域，通过制定可再生能源开发利用总量目标和采取相应措施，推动可再生能源市场的建立和发展。

国家鼓励各种所有制经济主体参与可再生能源的开发利用，依法保护可再生能源开发利用者的合法权益。

第五条　国务院能源主管部门对全国可再生能源的开发利用实施统一管理。国务院有关部门在各自的职责范围内负责有关的可再生能源开发利用管理工作。

县级以上地方人民政府管理能源工作的部门负责本行政区域内可再生能源开发利用的管理工作。县级以上地方人民政府有关部门在各自的职责范围内负责有关的可再生能源开发利用管理工作。

第二章　资源调查与发展规划

第六条　国务院能源主管部门负责组织和协调全国可再生能源资源的调查，并会同国务院有关部门组织制定资源调查的技术规范。

国务院有关部门在各自的职责范围内负责相关可再生能源资源的调查，调查结果报国务院能源主管部门汇总。

可再生能源资源的调查结果应当公布；但是，国家规定需要保密的内容除外。

第七条　国务院能源主管部门根据全国能源需求与可再生能源资源实际状况，制定全国可再生能源开发利用中长期总量目标，报国务院批准后执行，并予公布。

国务院能源主管部门根据前款规定的总量目标和省、自治区、直辖市经济发展与可再

生能源资源实际状况，会同省、自治区、直辖市人民政府确定各行政区域可再生能源开发利用中长期目标，并予公布。

第八条　国务院能源主管部门会同国务院有关部门，根据全国可再生能源开发利用中长期总量目标和可再生能源技术发展状况，编制全国可再生能源开发利用规划，报国务院批准后实施。

国务院有关部门应当制定有利于促进全国可再生能源开发利用中长期总量目标实现的相关规划。

省、自治区、直辖市人民政府管理能源工作的部门会同本级人民政府有关部门，依据全国可再生能源开发利用规划和本行政区域可再生能源开发利用中长期目标，编制本行政区域可再生能源开发利用规划，经本级人民政府批准后，报国务院能源主管部门和国家电力监管机构备案，并组织实施。

经批准的规划应当公布；但是，国家规定需要保密的内容除外。

经批准的规划需要修改的，须经原批准机关批准。

第九条　编制可再生能源开发利用规划，应当遵循因地制宜、统筹兼顾、合理布局、有序发展的原则，对风能、太阳能、水能、生物质能、地热能、海洋能等可再生能源的开发利用作出统筹安排。规划内容应当包括发展目标、主要任务、区域布局、重点项目、实施进度、配套电网建设、服务体系和保障措施等。

组织编制机关应当征求有关单位、专家和公众的意见，进行科学论证。

第三章　产业指导与技术支持

第十条　国务院能源主管部门根据全国可再生能源开发利用规划，制定、公布可再生能源产业发展指导目录。

第十一条　国务院标准化行政主管部门应当制定、公布国家可再生能源电力的并网技术标准和其他需要在全国范围内统一技术要求的有关可再生能源技术和产品的国家标准。

对前款规定的国家标准中未作规定的技术要求，国务院有关部门可以制定相关的行业标准，并报国务院标准化行政主管部门备案。

第十二条　国家将可再生能源开发利用的科学技术研究和产业化发展列为科技发展与高技术产业发展的优先领域，纳入国家科技发展规划和高技术产业发展规划，并安排资金支持可再生能源开发利用的科学技术研究、应用示范和产业化发展，促进可再生能源开发利用的技术进步，降低可再生能源产品的生产成本，提高产品质量。

国务院教育行政部门应当将可再生能源知识和技术纳入普通教育、职业教育课程。

第四章　推 广 与 应 用

第十三条　国家鼓励和支持可再生能源并网发电。

建设可再生能源并网发电项目，应当依照法律和国务院的规定取得行政许可或者报送备案。

建设应当取得行政许可的可再生能源并网发电项目，有多人申请同一项目许可的，应当依法通过招标确定被许可人。

第十四条 国家实行可再生能源发电全额保障性收购制度。

国务院能源主管部门会同国家电力监管机构和国务院财政部门，按照全国可再生能源开发利用规划，确定在规划期内应当达到的可再生能源发电量占全部发电量的比重，制定电网企业优先调度和全额收购可再生能源发电的具体办法，并由国务院能源主管部门会同国家电力监管机构在年度中督促落实。

电网企业应当与按照可再生能源开发利用规划建设，依法取得行政许可或者报送备案的可再生能源发电企业签订并网协议，全额收购其电网覆盖范围内符合并网技术标准的可再生能源并网发电项目的上网电量。发电企业有义务配合电网企业保障电网安全。

电网企业应当加强电网建设，扩大可再生能源电力配置范围，发展和应用智能电网、储能等技术，完善电网运行管理，提高吸纳可再生能源电力的能力，为可再生能源发电提供上网服务。

第十五条 国家扶持在电网未覆盖的地区建设可再生能源独立电力系统，为当地生产和生活提供电力服务。

第十六条 国家鼓励清洁、高效地开发利用生物质燃料，鼓励发展能源作物。

利用生物质资源生产的燃气和热力，符合城市燃气管网、热力管网的入网技术标准的，经营燃气管网、热力管网的企业应当接收其入网。

国家鼓励生产和利用生物液体燃料。石油销售企业应当按照国务院能源主管部门或者省级人民政府的规定，将符合国家标准的生物液体燃料纳入其燃料销售体系。

第十七条 国家鼓励单位和个人安装和使用太阳能热水系统、太阳能供热采暖和制冷系统、太阳能光伏发电系统等太阳能利用系统。

国务院建设行政主管部门会同国务院有关部门制定太阳能利用系统与建筑结合的技术经济政策和技术规范。

房地产开发企业应当根据前款规定的技术规范，在建筑物的设计和施工中，为太阳能利用提供必备条件。

对已建成的建筑物，住户可以在不影响其质量与安全的前提下安装符合技术规范和产品标准的太阳能利用系统；但是，当事人另有约定的除外。

第十八条 国家鼓励和支持农村地区的可再生能源开发利用。

县级以上地方人民政府管理能源工作的部门会同有关部门，根据当地经济社会发展、生态保护和卫生综合治理需要等实际情况，制定农村地区可再生能源发展规划，因地制宜地推广应用沼气等生物质资源转化、户用太阳能、小型风能、小型水能等技术。

县级以上人民政府应当对农村地区的可再生能源利用项目提供财政支持。

第五章　价格管理与费用补偿

第十九条 可再生能源发电项目的上网电价，由国务院价格主管部门根据不同类型可再生能源发电的特点和不同地区的情况，按照有利于促进可再生能源开发利用和经济合理

的原则确定，并根据可再生能源开发利用技术的发展适时调整。上网电价应当公布。

依照本法第十三条第三款规定实行招标的可再生能源发电项目的上网电价，按照中标确定的价格执行；但是，不得高于依照前款规定确定的同类可再生能源发电项目的上网电价水平。

第二十条　电网企业依照本法第十九条规定确定的上网电价收购可再生能源电量所发生的费用，高于按照常规能源发电平均上网电价计算所发生费用之间的差额，由在全国范围对销售电量征收可再生能源电价附加补偿。

第二十一条　电网企业为收购可再生能源电量而支付的合理的接网费用以及其他合理的相关费用，可以计入电网企业输电成本，并从销售电价中回收。

第二十二条　国家投资或者补贴建设的公共可再生能源独立电力系统的销售电价，执行同一地区分类销售电价，其合理的运行和管理费用超出销售电价的部分，依照本法第二十条的规定补偿。

第二十三条　进入城市管网的可再生能源热力和燃气的价格，按照有利于促进可再生能源开发利用和经济合理的原则，根据价格管理权限确定。

第六章　经济激励与监督措施

第二十四条　国家财政设立可再生能源发展基金，资金来源包括国家财政年度安排的专项资金和依法征收的可再生能源电价附加收入等。

可再生能源发展基金用于补偿本法第二十条、第二十二条规定的差额费用，并用于支持以下事项：

（一）可再生能源开发利用的科学技术研究、标准制定和示范工程；

（二）农村、牧区的可再生能源利用项目；

（三）偏远地区和海岛可再生能源独立电力系统建设；

（四）可再生能源的资源勘查、评价和相关信息系统建设；

（五）促进可再生能源开发利用设备的本地化生产。

本法第二十一条规定的接网费用以及其他相关费用，电网企业不能通过销售电价回收的，可以申请可再生能源发展基金补助。

可再生能源发展基金征收使用管理的具体办法，由国务院财政部门会同国务院能源、价格主管部门制定。

第二十五条　对列入国家可再生能源产业发展指导目录、符合信贷条件的可再生能源开发利用项目，金融机构可以提供有财政贴息的优惠贷款。

第二十六条　国家对列入可再生能源产业发展指导目录的项目给予税收优惠。具体办法由国务院规定。

第二十七条　电力企业应当真实、完整地记载和保存可再生能源发电的有关资料，并接受电力监管机构的检查和监督。

电力监管机构进行检查时，应当依照规定的程序进行，并为被检查单位保守商业秘密和其他秘密。

第七章　法　律　责　任

第二十八条　国务院能源主管部门和县级以上地方人民政府管理能源工作的部门和其他有关部门在可再生能源开发利用监督管理工作中，违反本法规定，有下列行为之一的，由本级人民政府或者上级人民政府有关部门责令改正，对负有责任的主管人员和其他直接责任人员依法给予行政处分；构成犯罪的，依法追究刑事责任：

（一）不依法作出行政许可决定的；

（二）发现违法行为不予查处的；

（三）有不依法，履行监督管理职责的其他行为的。

第二十九条　违反本法第十四条规定，电网企业未按照规定完成收购可再生能源电量，造成可再生能源发电企业经济损失的，应当承担赔偿责任，并由国家电力监管机构责令限期改正；拒不改正的，处以可再生能源发电企业经济损失额一倍以下的罚款。

第三十条　违反本法第十六条第二款规定，经营燃气管网、热力管网，的企业不准许符合入网技术标准的燃气、热力入网，造成燃气、热力生产企业经济损失的，应当承担赔偿责任，并由省级人民政府管理能源工作的部门责令限期改正；拒不改正的，处以燃气、热力生产企业经济损失额一倍以下的罚款。

第三十一条　违反本法第十六条第三款规定，石油销售企业未按照规定将符合国家标准的生物液体燃料纳入其燃料销售体系，造成生物液体燃料生产企业经济损失的，应当承担赔偿责任，并由国务院能源主管部门或者省级人民政府管理能源工作的部门责令限期改正；拒不改正的，处以生物液体燃料生产企业经济损失额一倍以下的罚款。

第八章　附　　则

第三十二条　本法中下列用语的含义：

（一）生物质能，是指利用自然界的植物、粪便以及城乡有机废物转化成的能源；

（二）可再生能源独立电力系统，是指不与电网连接的单独运行的可再生能源电力系统；

（三）能源作物，是指经专门种植，用以提供能源原料的草本和木本植物；

（四）生物液体燃料，是指利用生物质资源生产的甲醇、乙醇和生物柴油等液体燃料。

第三十三条　本法自2006年1月1日起施行。

附录二　海洋可再生能源发展纲要（2013—2016年）

海洋可再生能源（以下简称“海洋能”）是指海洋中所蕴藏的潮汐能、潮流能（海流能）、波浪能、温差能、盐差能等，具有总蕴藏量大、可永续利用、绿色清洁等特点。我国海洋能资源丰富，具有很好的开发利用前景。为全面落实中央关于建设海洋强国战略部署，指导和推动今后一段时期我国海洋能发展和海洋可再生能源专项资金项目实施，依据《国家海洋事业发展“十二五”规划》、《可再生能源发展“十二五”规划》，特制订《海洋可再生能源发展纲要（2013—2016年）》。

一、现状与需求

（一）发展现状

受石油价格上涨和全球气候变化的影响，英、美、加拿大等沿海发达国家高度重视海洋能在未来能源领域的战略地位，发布海洋能战略计划，制定海洋能发展路线图，引导私有资本投入海洋能领域，推动海洋能技术研发，促进海洋能产业的发展。目前，国外潮汐发电技术已较为成熟，潮汐电站进入商业化发展阶段，世界上有多座潮汐电站正在商业运行，其中装机规模最大的韩国始华湖潮汐电站已于2011年正式发电，装机容量达25.4万千瓦。潮流能发电技术发展迅猛，英国建设的试验电站有的已成功并网发电。波浪能发电技术呈现多样化，部分技术已经进入商业化阶段。同时，以欧美为代表的沿海发达国家，还建设了海洋能海上试验场，为海洋能转换装置的研发提供试验、测试和评价系列服务，为实验室工程样机走向商业化应用奠定基础条件。温差能、盐差能技术尚处于技术研发阶段。

近年来，我国高度重视海洋能开发利用。《可再生能源法》明确将海洋能纳入可再生能源范畴。国务院印发的《“十二五”国家战略性新兴产业发展规划》明确了包括海洋能在内的新能源产业的发展目标和重点方向，提出积极推进技术基本成熟、开发潜力大的海洋能等可再生能源利用的产业化，并实施新能源集成利用示范重大工程。财政部设立了海洋可再生能源专项资金，全面推进海洋能开发利用技术的研究、应用和示范工作，为海洋能产业化培育及发展奠定了坚实的基础。

我国发展海洋能已有一定的技术基础。潮汐能利用技术基本成熟，达到国际先进水平。波浪能、潮流能等技术研发和小型示范应用取得进展，开发利用工作尚处于起步阶段，但已有较好的技术储备，未来有较大的发展潜力。独立研建了装机容量为3900千瓦的江厦潮汐试验电站，具备设计和制造单机容量为2.6万千瓦低水头大功率潮汐发电机组能力。先后建设了70千瓦漂浮式、40千瓦坐底式两座垂直轴的潮流实验电站和100千瓦振荡水柱式、30千瓦摆式波浪能发电试验电站。启动了500千瓦至兆瓦级的波浪能独立电力系统和并网电力系统示范工程建设。近海波浪能和潮流能试验场一期工程已经列入计划并启动了相关建设工作。温差能技术完成了实验室原理试验研究，正在进行温差发电的基础性试验研究。

但是，与沿海发达国家相比，我国海洋能开发利用在技术上虽然具备了一定的研究基础，但目前技术积累明显不足，开发利用海洋能的技术经济性相比风电、太阳能等其他新能源还有较大差距，距离产业化发展还需经过较长的一段时间。当前还存在着许多制约下一步发展的重要问题。

技术创新体系尚不健全。我国海洋能研究虽然起步较早，但与国际先进水平相比，技术研发投入较少，研发力量比较分散，缺乏系统的技术开发体系，没有建立起人才培养机制，整体技术水平较低，有关设备制造能力和生产能力存在较大差距，技术创新的后劲不足。

产业服务体系尚未建立。我国海洋能利用技术的应用仍局限于小型示范项目和试验电站，产业服务体系尚未形成。海洋能资源调查、技术标准、产品检测和认证体系不完善，没有形成今后能够支撑海洋能发展的产业服务体系。

激励政策措施不完善。海洋能源开发利用投入高、风险大、技术工艺复杂，缺乏市场竞争力，尚处于起步阶段，需要政策扶持和经济激励。目前，我国支持海洋能开发利用的扶持政策较弱，经济激励措施不够明确，相关政策之间缺乏协调等，尚没有形成支持海洋能开发利用发展的有效机制。

（二）发展需求

发展海洋能是确保国家能源安全、实施节能减排的客观要求。海洋能是可再生的而且储量丰富的清洁能源，海洋能的开发利用可以实现能源供给的海陆互补，减轻沿海经济发达、能耗密集地区的常规化石能源供给压力。多种能源共同维护和保障我国能源安全和经济社会可持续发展，亦将有利于发展低碳经济和实现节能减排目标。

发展海洋能是提升国际竞争力的重要举措。随着海洋能战略地位的日益凸显，海洋能源开发利用受到世界各国高度重视，相继制定了鼓励海洋能开发利用的法规、政策，推进海洋能开发利用快速发展。沿海发达国家加强海洋能开发利用技术研究，为大规模开发利用海洋能进行技术储备。加快海洋能开发利用技术的研发，抢占海洋能开发利用技术领域的制高点，掌握核心技术，有利于提升我国海洋科技的国际竞争力。

发展海洋能是解决我国沿海和海岛能源短缺的主要途径。我国沿海地区人口集中，资产密集，社会经济发达。沿海岛屿是正在开发或已开发的新的社会经济体或国防前哨。电力缺乏已经成为制约我国沿海特别是海岛社会经济发展的关键因素。因地制宜在沿海和海岛建设适用的海洋能发电系统，是补充沿海电力短缺和解决海岛居民及驻军用电问题的主要途径之一。

发展海洋能是培育我国海洋新兴产业的现实需要。海洋可再生能源业是海洋新兴产业，具有较长的产业链。它的发展将促进和带动设备制造、安装、材料、海洋工程及设计等一批产业和技术的进步，拉动经济发展，增加就业岗位。大力发展海洋能，对于促进我国经济发展方式转变，实现可持续发展具有重要的推动作用。

二、指导思想、基本原则和发展目标

（一）指导思想

以邓小平理论和“三个代表”重要思想为指导，深入贯彻落实科学发展观，大力实施海洋强国战略，把开发利用海洋能作为增加可再生能源供应、优化能源结构、发展海洋经济，缓解沿海及海岛地区用电紧张状况的战略举措。推进科技进步，创新体制机制，健全产业体系，完善支持政策，推动海洋能规模化、产业化发展，培育可再生能源新兴产业。

（二）基本原则

统筹兼顾、远近结合。根据沿海经济社会发展需要，统筹兼顾各种用海需求，协调好各方利益关系，科学开发利用海洋能。近期优先发展技术相对成熟的潮汐能、波浪能、潮流能发电。做好温差能、盐差能等技术储备，为远期开发打好基础。

科技进步、示范推动。大力推动科技进步，提高海洋能开发利用核心技术和关键装备的技术水平。通过建设潮汐能、潮流能、波浪能示范电站和海岛独立供电系统示范工程，加快科技成果应用转化，促进技术成熟，实现海洋能利用的商业化。

政府扶持、企业主导。加强政府引导和扶持，健全完善政策体系。以企业、科研单位和高等院校为创新主体，鼓励科技创新，加大技术研发力度，提高研发成果转化应用水平。积极引导企业投资，推动海洋能相关装备工程的技术研发和科技创新，加快培育和发展海洋能产业。

多方参与、完善体系。充分发挥相关部门、有关地方、企事业单位、科研院所等的优势，积极鼓励多方参与，贡献力量。建立健全海洋能技术、设计、监测、认证和建设标准体系，重点支持公共研发测试平台建设，建立人才培养、信息和咨询服务体系。

（三）发展目标

总体目标：进一步提高海洋能技术水平，形成一批具有自主知识产权的核心装备。建成一批产业化示范项目，形成若干海岛独立电力系统示范电站，启动1～2个万千瓦级潮汐能发电站建设。构建海洋能开发利用政策、法规、技术标准体系，建设海洋能开发利用公共支撑服务平台，形成基本完整的产业支持服务体系，并初步建立适应产业发展的管理体制和政策体系。到2016年，分别建成具有公共试验测试泊位的波浪能、潮流能示范电站以及国家级海上试验场，为我国海洋能的产业化发展奠定坚实的技术基础和支撑保障。

三、重点任务

（一）突破关键技术

重点支持具有原始创新的潮汐能、波浪能、潮流能、温差能、盐差能利用的新技术、新方法以及综合开发利用技术研究与试验，攻克关键技术，为海洋能开发利用储备技术。

1. 潮汐能技术

突破潮汐能电站工程建设和新型发电机组研制等关键技术、关键工艺，解决电站建设过程中产生的环境问题，研究新型可适应低水头、大流量、复杂工况的潮汐能利用技术装置。

2. 波浪能技术

针对我国海域波浪周期短、能流密度低且台风易发的特点，开展适合我国波浪能资源特点，具有高系统转换效率、良好的可维护性和较低的维护成本，易于安装布放和回收的波浪能利用技术的研究。

3. 潮流能技术

针对我国海域潮流高流速时间短、平均流速较低的特点，开展适合我国潮流能资源特点，具有高系统转换效率、良好的可维护性和较低的维护成本，适应我国近海海域开发活动密集特点的潮流能利用技术的研究。

4. 温差能技术

支持开展温差能技术试验样机研究，突破关键技术、关键工艺，力争在提高能量转换效率、提高运行可靠性方面有所突破，为温差能开发利用奠定技术基础。

5. 盐差能技术

支持开展温差能技术原理试验研究，通过提高盐差转化效率，降低过程能量损耗，突破盐差能利用关键技术，为盐差能综合开发利用化奠定技术基础。

（二）提升装备水平

采取技术引进与自主研制相结合，形成一批具有自主知识产权的关键技术和核心装备。重点开展发电装置产品化设计及制造，优先支持较成熟的海洋能发电技术开展设计定型，推动我国海洋能发电技术向装备转化。

1. 潮汐能装备

通过提高技术水平，重点解决潮汐电站低成本建造、综合利用、提高效益和降低成本等问题。开展新型低水头、大流量、环境友好型潮汐能发电机组研制工作，为未来万千瓦级潮汐能示范电站建设提供装备支持。

2. 波浪能装备

提高百千瓦级新型波浪能发电装置转换效率，突破波能装置海上生存能力技术。开展适合我国主要波浪能富集区资源状况的模块化波浪能液压转换与控制装置，以及适合我国波浪特点的发电机研制工作，形成一批适合我国波浪能资源特点的技术装备。同时，遴选技术较成熟的波浪能工程样机开展设计定型，通过优化各部分功能及技术指标，建造定型样机，固

化技术状态，完成产品化设计与制造，为未来波浪能示范工程建设提供装备支持。

3. 潮流能装备

开展兆瓦级潮流发电机组研究工作，突破发电机组水下密封、低流速启动、模块设计与制造等关键技术。

开展适合我国潮流能资源特点的水平轴高效转换叶片，高可靠齿轮箱，高可靠变桨调节装置，以及低速潮流发电机研制工作，形成一批适合我国潮流能资源特点的技术装备。同时，遴选技术较成熟的潮流能工程样机开展设计定型，通过优化各部分功能及技术指标，建造定型样机，固化技术状态，完成产品化设计与制造，为未来潮流能示范工程建设提供装备支持。

（三）示范项目建设

1. 建设海洋能电力系统示范工程

紧紧围绕推进海洋能规模化应用，促进产业化发展的总体目标，在广东、浙江地区选择合适的海岛，优选前阶段示范工程执行较好和有实力的单位，集中资金发展规模化海洋能示范。采用分步实施的原则，逐步开展工程勘察与选化、工程总体设计、工程及配套设施建设等工作。到2016年，在广东万山、浙江舟山地区分别完成具有公共测试功能的百千瓦级波浪能、兆瓦级潮流能示范工程设施建设、安装调试、运行维护等工作，实现示范运行，培育海洋能产业向纵深发展。

2. 建设近岸万千瓦级潮汐能示范电站

优先支持八尺门、健跳、马銮湾、乳山口、温州瓯飞等站址的潮汐能开发，建设万千瓦级大型潮汐电站。

重点开展库区综合利用、电站方案设计及优化、万千瓦级水轮发电机组设计与制造、潮汐能环境影响评价及预测、电站运行管理等关键技术研究以及潮汐电站建设的前期相关论证工作，推动我国大型潮汐能电站建设。到2016年，在浙江、福建等沿海地区，启动1～2个万千瓦级潮汐能电站建设。

（四）健全产业服务体系

建立健全标准规范体系，制定海洋能资源勘察、评价、装备制造、检验评估、工程设计、施工、运行维护、接入电网等标准与规范，形成较为完备的海洋能技术标准规范体系。初步建立海洋能公共技术研究试验测试平台。依托专业技术机构，建设海上试验场和海洋动力环境模拟试验测试平台。开展海洋能资源信息收集、更新、发布等工作，建设海洋能开发利用信息服务平台，提高海洋能信息服务水平。

（五）资源调查与选划

在前期海洋能资源调查基础上，重点开展南海海域海洋能资源调查及选划，摸清调查区域的海洋能资源储量及其时空分布状况，选划出海洋能优先开发利用区，为我国南海海洋能资源的开发利用规划提供依据。

四、区域布局

海洋能开发必须因地制宜，根据能源资源分布特点和能源需求状况，科学布局海洋能的发展。

（一）广东波浪能示范区

广东地区拥有丰富的波浪能资源，以及长期开展波浪能开发利用技术积累和示范经验。珠海万山地区已开展多项波浪能技术示范工程建设，具有一定装机规模。以万山波浪能示范工程为核心，依托当地波浪能开发利用技术研发能力，建成集波浪能技术研发、装备制造、海上测试以及工程示范为一体的波浪能示范基地。

（二）浙江潮流能示范区

以浙江地区丰富的潮流能资源优势以及舟山地区雄厚的造船等装备制造能力为基础，以舟山潮流能示范工程为核心，依托当地潮流能开发利用技术研发能力，建成集潮流能技术研发、装备制造、海上测试以及工程示范为一体的潮流能示范基地。

（三）山东海洋能研究试验区

山东是海洋科研力量的聚集地，也是海洋能研发的主力军。以山东强大的海洋科研力量为基础，以国家级海洋能海上试验场建设为核心，完善海洋能公共服务体系建设，建设海洋能技术研究试验基地。整合研发力量，提高自主创新能力，为海洋能产业发展提供技术支撑与保障。

五、保障措施

（一）优化海洋能激励政策环境

加大对海洋能开发利用的财政投入，支持示范项目建设。国家海洋行政主管部门会同有关部门研究制定海洋能发电电价政策，提出扶持海洋能发展的财政、金融、税收等方面政策建议，引导、鼓励民间资本投入。扶持海洋能发电工程设计、材料、设备、系统、施工等相关产业发展。

（二）健全海洋能技术创新体系

建立健全多层次技术创新体系，建立和完善国家级海洋能研发试验平台，鼓励企业建设海洋能发电技术研发机构，整合相关科研院所、高等院校的技术力量，开展海洋能基础理论、前沿技术、核心技术、适用技术研究。健全海洋能人才培养和引进机制，重点培训海洋能发电领域高端科技人才和管理人才。

（三）加强海洋能开发利用管理

确立海洋能开发利用在我国近海及海岛地区的优先开发地位，统筹协调海洋能开发利用与其他领域用海的关系。国家海洋行政主管部门会同有关部门完善政策体系，研究制定海洋能发展产业政策。加强海洋能项目管理，促进海洋能开发利用有序协调进行。

（四）建立海洋能技术管理体系

加强海洋能发展规划、项目前期、项目核准、竣工验收、运行监督等环节的技术归口管理，建立海洋能技术和工程规范，加强技术监督以及工程质量管理。支持海洋能利用技术研发和试验示范。积极推动技术服务体系建设，加强技术指导、工程咨询、信息服务等中介机构能力建设。

（五）形成国内外合作交流促进机制

充分利用国外海洋能开发科技资源，加速我国海洋能开发利用的进程。参与国际海洋能领域重大科学计划，与发达海洋国家开展海洋能开发利用技术、设备、管理、工程等方面技术合作，充分发挥中国海洋可再生能源发展年会交流平台作用，形成内外结合、相互促进的发展机制。

附录三 “十三五”规划中对海洋能发展相关规划

第四十一章 拓展蓝色经济空间

坚持陆海统筹，发展海洋经济，科学开发海洋资源，保护海洋生态环境，维护海洋权益，建设海洋强国。

第一节 壮大海洋经济

优化海洋产业结构，发展远洋渔业，推动海水淡化规模化应用，扶持海洋生物医药、海洋装备制造等产业发展，加快发展海洋服务业。发展海洋科学技术，重点在深水、绿色、安全的海洋高技术领域取得突破。推进智慧海洋工程建设。创新海域海岛资源市场化配置方式。深入推进山东、浙江、广东、福建、天津等全国海洋经济发展试点区建设，支持海南利用南海资源优势发展特色海洋经济，建设青岛蓝谷等海洋经济发展示范区。

第二节 加强海洋资源环境保护

深入实施以海洋生态系统为基础的综合管理，推进海洋主体功能区建设，优化近岸海域空间布局，科学控制开发强度。严格控制围填海规模，加强海岸带保护与修复，自然岸线保有率不低于35%。严格控制捕捞强度，实施休渔制度。加强海洋资源勘探与开发，深入开展极地大洋科学考察。实施陆源污染物达标排海和排污总量控制制度，建立海洋资源环境承载力预警机制。建立海洋生态红线制度，实施“南红北柳”湿地修复工程和“生态岛礁”工程，加强海洋珍稀物种保护。加强海洋气候变化研究，提高海洋灾害监测、风险评估和防灾减灾能力，加强海上救灾战略预置，提升海上突发环境事故应急能力。实施海洋督察制度，开展常态化海洋督察。

第三节 维护海洋权益

有效维护领土主权和海洋权益。加强海上执法机构能力建设，深化涉海问题历史和法理研究，统筹运用各种手段维护和拓展国家海洋权益，妥善应对海上侵权行为，维护好我管辖海域的海上航行自由和海洋通道安全。积极参与国际和地区海洋秩序的建立和维护，完善与周边国家涉海对话合作机制，推进海上务实合作。进一步完善涉海事务协调机制，加强海洋战略顶层设计，制定海洋基本法。

专栏15 海 洋 重 大 工 程

（一）蓝色海湾整治

在胶州湾、辽东湾、渤海湾、杭州湾、厦门湾、北部湾等开展水质污染治理和环境综合整治，增加人造沙质岸线，恢复自然岸线、海岸原生风貌景观，在辽东湾、渤海湾等围填海区域开展补偿性环境整治和人工湿地建设。

（二）蛟龙探海

突破“龙宫一号”深海实验平台建造关键技术，建造深海移动式和坐底式实验平台。研发集深海环境监测和活动探测于一体的深海探测系统。推进深海装备应用共享平台建设。

（三）雪龙探极

在北极合作新建岸基观测站，在南极新建科考站，新建先进破冰船，提升南极航空能力，初步构建极地区域的陆—海—空观测平台。研发适用于极地环境的探测技术及装备，建立极地环境与资源潜力信息和业务化应用服务平台。

（四）全球海洋立体观测网

统筹规划国家海洋观（监）测网布局，推进国家海洋环境实时在线监控系统和海外观（监）测站点建设，逐步形成全球海洋立体观（监）测系统，加强对海洋生态、洋流、海洋气象等观测研究。

附录四　分布式电源接入电网技术规定

（Q/GDW 480—2010）

1　范围

本规定适用于国家电网公司经营区域内以同步电机、感应电机、变流器等形式接入35kV及以下电压等级电网的分布式电源。

风力发电和太阳能光伏发电并网接入35kV及以下电网还应参照《国家电网公司风电场接入电网技术规定》和《国家电网公司光伏电站接入电网技术规定》执行。

本规定规定了新建和扩建分布式电源接入电网运行应遵循的一般原则和技术要求，改建分布式电源、分布式自备电源可参照本规定执行。

2　规范性引用文件

下列文件中的条款通过本规定的引用而成为本规定的条款。凡是注日期的引用文件，其随后所有的修改单（不包括勘误的内容）或修订版均不适用于本规定，但鼓励根据本规定达成协议的各方研究是否可使用这些文件的最新版本。凡是不注日期的引用文件，其最新版本适用于本规定。

GB/T 12325—2008《电能质量　供电电压偏差》

GB/T 12326—2008《电能质量　电压波动和闪变》

GB/T 14549—1993《电能质量　公用电网谐波》

GB/T 15543—2008《电能质量　三相电压不平衡》

GB/T 15945—2008《电能质量　电力系统频率偏差》

GB 2894《安全标志及其使用导则》

GB/T 14285—2006《继电保护和安全自动装置技术规程》

DL/T 584—2007《3kV～110kV电网继电保护装置运行整定规程》

DL/T 1040《电网运行准则》

DL/T 448《电能计量装置技术管理规定》

IEC61000-4-30《电磁兼容　第4-30部分　试验和测量技术—电能质量测量方法》

DL/T 634.5101《远动设备及系统　第5-101部分　传输规约　基本远动任务配套标准》

DL/T 634.5104《远动设备及系统　第5-104部分　传输规约　采用标准传输协议集》IEC60870-5-101

Q/GDW 370—2009《城市配电网技术导则》

Q/GDW 3382—2009《配电自动化技术导则》

IEEE 1547《Standard for Interconnecting Distributed Resources with Electric Power Systems》

3　术语和定义

本规定采用了下列名词和术语。

3.1　分布式电源

本规定所指分布式电源指接入35kV及以下电压等级的小型电源，包括同步电机、感应电机、变流器等类型。

3.2　公共连接点

电力系统中一个以上用户的连接处。

3.3　并网点

对于通过变压器接入公共电网的电源，并网点指与公用电网直接连接的变压器高压侧母线。对于不通过变压器直接接入公共电网的电源，并网点指电源的输出汇总点，并网点也称接入点。

3.4　变流器

用于将电能变换成适合于电网使用的一种或多种形式电能的电气设备。

注1：具备控制、保护和滤波功能，用于电源和电网之间接口的静态功率变流器。有时被称为功率调节子系统、功率变换系统、静态变换器，或者功率调节单元。

注2：由于其整体化的属性，在维修或维护时才要求变流器与电网完全断开。在其他所有的时间里，无论变流器是否在向电网输送电力，控制电路应保持与电网的连接，以监测电网状态。“停止向电网线路送电”的说法在本规定中普遍使用。应该认识到在发生跳闸时，例如过电压跳闸，变流器不会与电网完全断开。变流器维护时可以通过一个电网交流断路开关来实现与电网完全断开。

3.5　变流器类型电源

采用变流器连接到电网的电源。

3.6　同步电机类型电源

通过同步电机发电的电源。

3.7　异步电机类型电源

通过异步电机发电的电源。

3.8　孤岛现象

电网失压时，电源仍保持对失压电网中的某一部分线路继续供电的状态。孤岛现象可分为非计划性孤岛现象和计划性孤岛现象。

非计划性孤岛现象

非计划、不受控地发生孤岛现象。

计划性孤岛现象

按预先设置的控制策略，有计划地发生孤岛现象。

3.9 防孤岛

防止非计划性孤岛现象的发生。

注：非计划性孤岛现象发生时，由于系统供电状态未知，将造成以下不利影响：①可能危及电网线路维护人员和用户的生命安全；②干扰电网的正常合闸；③电网不能控制孤岛中的电压和频率，从而损坏配电设备和用户设备。

3.10 功率因数

由电源输出总有功功率与总无功功率计算而得的功率因数。功率因数（PF）计算公式为：

$$PF=\frac{P_{out}}{\sqrt{P_{out}^2+Q_{out}^2}}$$

式中 P_{out}——电源输出总有功功率；

Q_{out}——电源输出总无功功率。

4 接入系统原则

（1）并网点的确定原则为电源并入电网后能有效输送电力并且能确保电网的安全稳定运行。

（2）当公共连接点处并入一个以上的电源时，应总体考虑它们的影响。分布式电源总容量原则上不宜超过上一级变压器供电区域内最大负荷的25%。

（3）分布式电源并网点的短路电流与分布式电源额定电流之比不宜低于10。

（4）分布式电源接入电压等级宜按照：200kW及以下分布式电源接入380V电压等级电网；200kW以上分布式电源接入10kV（6kV）及以上电压等级电网。经过技术经济比较，分布式电源采用低一电压等级接入优于高一电压等级接入时，可采用低一电压等级接入。

5 电能质量

5.1 一般性要求

分布式电源并网前应开展电能质量前期评估工作，分布式电源应提供电能质量评估工作所需的电源容量、并网方式、变流器型号等相关技术参数。

分布式电源向当地交流负载提供电能和向电网发送电能的质量，在谐波、电压偏差、电压不平衡度、电压波动和闪变等方面应满足相关的国家标准。同时，当并网点的谐波、电压偏差、电压不平衡度、电压波动和闪变满足相关的国家标准时，分布式电源应能正常运行。

变流器类型分布式电源应在并网点装设满足 IEC61000－4－30《电磁兼容　第 4－30 部分　试验和测量技术—电能质量测量方法》标准要求的 A 类电能质量在线监测装置。10kV（6kV）～35kV 电压等级并网的分布式电源，电能质量数据应能够远程传送到电网企业，保证电网企业对电能质量的监控。380V 并网的分布式电源，电能质量数据应具备一年及以上的存储能力，必要时供电网企业调用。

5.2　谐波

分布式电源所连公共连接点的谐波电流分量（方均根值）应满足 GB/T 14549—1993《电能质量公用电网谐波》的规定，不应超过表 1 中规定的允许值，其中分布式电源向电网注入的谐波电流允许值按此电源协议容量与其公共连接点上发/供电设备容量之比进行分配。

表 1　　注入公共连接点的谐波电流允许值

标准电压/kV	基准短路容量/MVA	谐波次数及谐波电流允许值/A											
		2	3	4	5	6	7	8	9	10	11	12	13
0.38	10	78	62	39	62	26	44	19	21	16	28	13	24
6	100	43	34	21	34	14	21	11	11	8.5	16	7.1	13
10	100	26	20	13	20	8.5	15	6.4	6.8	5.1	9.3	4.3	7.9
35	250	15	12	7.7	12	5.1	8.8	3.8	4.1	3.1	5.6	2.6	4.7
		14	15	16	17	18	19	20	21	22	23	24	25
0.38	10	11	12	9.7	18	8.6	16	7.8	8.9	7.1	14	6.5	12
6	100	6.1	6.8	5.3	10	4.7	9	4.3	4.9	3.9	7.4	3.6	6.8
10	100	3.7	4.1	3.2	6	2.8	5.4	2.6	2.9	2.3	4.5	2.1	4.1
35	250	2.2	2.5	1.9	3.6	1.7	3.2	1.5	1.8	1.4	2.7	1.3	2.5

注：标准电压 20kV 的谐波电流允许值参照 10kV 标准执行。

5.3　电压偏差

分布式电源并网后，公共连接点的电压偏差应满足 GB/T 12325—2008《电能质量　供电电压偏差》的规定，即：35kV 公共连接点电压正、负偏差的绝对值之和不超过标称电压的 10%（注：如供电电压上下偏差同号（均为正或负）时，按较大的偏差绝对值作为衡量依据）。

20kV 及以下三相公共连接点电压偏差不超过标称电压的±7%。

220V 单相公共连接点电压偏差不超过标称电压的＋7%～10%。

5.4　电压波动和闪变

分布式电源并网后，公共连接点处的电压波动和闪变应满足 GB/T 12326—2008《电能质量　电压波动和闪变》的规定。

分布式电源单独引起公共连接点处的电压变动限值与电压变动频度、电压等级有关，见表 2。

表 2　　电压波动限值

r/（次/h）	d/%	r/（次/h）	d/%
$r\leqslant1$	4	$10<r\leqslant100$	2
$1<r\leqslant10$	3*	$100<r\leqslant1000$	1.25

注：1. r 表示电压变动频度，指单位时间内电压变动的次数（电压由大到小或由小到大各算一次变动）。不同方向的若干次变动，若间隔时间小于 30ms，则算一次变动；d 表示电压变动，为电压方均根值曲线上相邻两个极值电压之差，以系统标称电压的百分数表示；
2. 很少的变动频度 r（每日少于 1 次），电压变动限值 d 还可以放宽，但不在本标准中规定；
3. 对于随机性不规则的电压波动，以电压波动的最大值作为判据，表中标有“*”的值为其限值。

分布式电源在公共连接点单独引起的电压闪变值应根据电源安装容量占供电容量的比例以及系统电压等级，按照 GB/T 12326—2008《电能质量　电压波动和闪变》的规定分别按三级作不同的处理。

5.5　电压不平衡度

分布式电源并网后，其公共连接点的三相电压不平衡度不应超过 GB/T 15543—2008《电能质量三相电压不平衡》规定的限值，公共连接点的三相电压不平衡度不应超过 2%，短时不超过 4%；其中由各分布式电源引起的公共连接点三相电压不平衡度不应超过 1.3%，短时不超过 2.6%。

5.6　直流分量

变流器类型分布式电源并网额定运行时，向电网馈送的直流电流分量不应超过其交流定值的 0.5%。

5.7　电磁兼容

分布式电源设备产生的电磁干扰不应超过相关设备标准的要求。同时，分布式电源应具有适当的抗电磁干扰的能力，应保证信号传输不受电磁干扰，执行部件不发生误动作。

6　功率控制和电压调节

6.1　有功功率控制

通过 10kV（6kV）～35kV 电压等级并网的分布式电源应具有有功功率调节能力，并能根据电网频率值、电网调度机构指令等信号调节电源的有功功率输出，确保分布式电源最大输出功率及功率变化率不超过电网调度机构的给定值，以确保电网故障或特殊运行方式时电力系统的稳定。

6.2　电压/无功调节

分布式电源参与电网电压调节的方式包括调节电源的无功功率、调节无功补偿设备投入量以及调整电源变压器的变比。

通过 380V 电压等级并网的分布式电源功率因数应在 0.98（超前）～0.98（滞后）范围。

通过 10kV（6kV）～35kV 电压等级并网的分布式电源电压调节按以下规定：

(1) 同步电机类型分布式电源接入电网应保证机端功率因数在0.95（超前）～0.95（滞后）范围内连续可调，并参与并网点的电压调节。

(2) 异步电机类型分布式电源应具备保证在并网点处功率因数在0.98（超前）～0.98（滞后）范围自动调节的能力，有特殊要求时，可做适当调整以稳定电压水平。

(3) 变流器类型分布式电源功率因数应能在0.98（超前）～0.98（滞后）范围内连续可调，有特殊要求时，可做适当调整以稳定电压水平。在其无功输出范围内，应具备根据并网点电压水平调节无功输出，参与电网电压调节的能力，其调节方式和参考电压、电压调差率等参数应可由电网调度机构设定。

6.3　启停

分布式电源启动时需要考虑当前电网频率、电压偏差状态和本地测量的信号，当电网频率、电压偏差超出本规定的正常运行范围时，电源不应启动。

同步电机类型分布式电源应配置自动同期装置，启动时分布式电源与电网的电压、频率和相位偏差应在一定范围，分布式电源启动时不应引起电网电能质量超出规定范围。

通过380V电压等级并网的分布式电源的启停可与电网企业协商确定；通过10kV（6kV）～35kV电压等级并网的分布式电源启停时应执行电网调度机构的指令。

分布式电源启动时应确保其输出功率的变化率不超过电网所设定的最大功率变化率。

除发生故障或接收到来自于电网调度机构的指令以外，分布式电源同时切除引起的功率变化率不应超过电网调度机构规定的限值。

7　电压电流与频率响应特性

7.1　电压响应特性

当电网电压过高或者过低时，要求与之相连的分布式电源做出响应。该响应必须确保供电机构维修人员和一般公众的人身安全，同时避免损坏连接的设备。当并网点处电压超出表3规定的电压范围时，应在相应的时间内停止向电网线路送电。此要求适用于多相系统中的任何一相。

表3　　分布式电源的电压响应时间要求

并网点电压	要　　求
$U<50\%U_N$	最大分闸时间不超过0.2s
$50\%U_N\leqslant U<85\%U_N$	最大分闸时间不超过2.0s
$85\%U_N\leqslant U<110\%U_N$	连续运行
$110\%U_N\leqslant U<135\%U_N$	最大分闸时间不超过2.0s
$135\%U_N\leqslant U$	最大分闸时间不超过0.2s

注：1. U_N为分布式电源并网点的电网额定电压。

2. 最大分闸时间是指异常状态发生到电源停止向电网送电时间。

7.2　频率响应特性

对于通过380V电压等级并网的分布式电源，当并网点频率超过49.5～50.2Hz运行范围时，应在0.2s内停止向电网送电。通过10kV（6kV）～35kV电压等级并网的分布式电源应具备一定的耐受系统频率异常的能力，应能够在表4所示电网频率偏离下运行。

表4　　分布式电源的频率响应时间要求

频率范围	要　求
低于48Hz	变流器类型分布式电源根据变流器允许运行的最低频率或电网调度机构要求而定；同步电机类型、异步电机类型分布式电源每次运行时间一般不少于60s，有特殊要求时，可在满足电网安全稳定运行的前提下做适当调整
48～49.5Hz	每次低于49.5Hz时要求至少能运行10min
49.5～50.2Hz	连续运行
50.2～50.5Hz	频率高于50.2Hz时，分布式电源应具备降低有功输出的能力，实际运行可由电网调度机构决定；此时不允许处于停运状态的分布式电源并入电网
高于50.5Hz	立刻终止向电网线路送电，且不允许处于停运状态的分布式电源并网

7.3　过流响应特性

变流器类型分布式电源应具备一定的过电流能力，在120％额定电流以下，变流器类型分布式电源可靠工作时间不小于1分钟；在120％～150％额定电流内，变流器类型分布式电源连续可靠工作时间应不小于10秒。

7.4　最大允许短路电流

分布式电源提供的短路电流不能超过一定的限定范围，考虑分布式电源提供的短路电流后，短路电流总和不允许超过公共连接点允许的短路电流。

8　安全

8.1　一般性要求

为保证设备和人身安全，分布式电源必须具备相应继电保护功能，以保证电网和发电设备的安全运行，确保维修人员和公众人身安全，其保护装置的配置和选型必须满足所辖电网的技术规范和反事故措施。

分布式电源的接地方式应和电网侧的接地方式保持一致，并应满足人身设备安全和保护配合的要求。

分布式电源必须在并网点设置易于操作、可闭锁、具有明显断开点的并网断开装置，以确保电力设施检修维护人员的人身安全。

8.2　安全标识

对于通过380V电压等级并网的分布式电源，连接电源和电网的专用低压开关柜应有醒目标识。标识应标明“警告”、“双电源”等提示性文字和符号。标识的形状、颜色、尺寸和高度参照GB 2894《安全标志及其使用导则》执行。

10kV（6kV）～35kV电压等级并网的分布式电源根据GB 2894《安全标志及其使用导则》在电气设备和线路附近标识“当心触电”等提示性文字和符号。

9　继电保护与安全自动装置

9.1　一般性要求

分布式电源的保护应符合可靠性、选择性、灵敏性和速动性的要求，其技术条件应满足 GB/T 14285—2006《继电保护和安全自动装置技术规程》和 DL/T 584—2007《3kV～110kV 电网继电保护装置运行整定规程》的要求。

9.2　元件保护

分布式电源的变压器、同步电机和异步电机类型分布式电源的发电机应配置可靠的保护装置。分布式电源应能够检测到电网侧的短路故障（包括单相接地故障）和缺相故障，短路故障和缺相故障情况下保护装置应能迅速将其从电网断开。

分布式电源应安装低压和过压继电保护装置，继电保护的设定值应满足表 3 的要求。

分布式电源频率保护设定应满足表 4 的要求。

9.3　系统保护

通过 10kV（6kV）～35kV 电压等级并网的分布式电源，宜采用专线方式接入电网并配置光纤电流差动保护。在满足可靠性、选择性、灵敏性和速动性要求时，线路也可采用“T”接方式，保护采用电流电压保护。

9.4　防孤岛保护

同步电机、异步电机类型分布式电源，无须专门设置孤岛保护，但分布式电源切除时间应与线路保护相配合，以避免非同期合闸。

变流器类型的分布式电源必须具备快速监测孤岛且监测到孤岛后立即断开与电网连接的能力，其防孤岛保护应与电网侧线路保护相配合。

9.5　故障信息

接入 10kV（6kV）～35kV 电压等级的分布式电源的变电站需要安装故障录波仪，且应记录故障前 10s 到故障后 60s 的情况。该记录装置应该包括必要的信息输入量。

9.6　恢复并网

系统发生扰动脱网后，在电网电压和频率恢复到正常运行范围之前分布式电源不允许并网。在电网电压和频率恢复正常后，通过 380V 电压等级并网的分布式电源需要经过一定延时时间后才能重新并网，延时值应大于 20s，并网延时由电网调度机构给定；通过 10kV（6kV）～35kV 电压等级并网的分布式电源恢复并网必须经过电网调度机构的允许。

10　通信与信息

10.1　基本要求

通过 10kV（6kV）～35kV 电压等级并网的分布式电源必须具备与电网调度机构之间

进行数据通信的能力，能够采集电源的电气运行工况，上传至电网调度机构，同时具有接受电网调度机构控制调节指令的能力。并网双方的通信系统应以满足电网安全经济运行对电力系统通信业务的要求为前提，满足继电保护、安全自动装置、自动化系统及调度电话等业务对电力通信要求。

通过10kV（6kV）～35kV电压等级并网的分布式电源与电网调度机构之间通信方式和信息传输应符合相关标准的要求，包括遥测、遥信、遥控、遥调信号，提供信号的方式和实时性要求等。一般可采取基于DL/T 634.5101和DL/T 634.5104通信协议。

10.2　正常运行信号

在正常运行情况下，分布式电源向电网调度机构提供的信息至少应当包括：

（1）电源并网状态、有功和无功输出、发电量；

（2）电源并网点母线电压、频率和注入电力系统的有功功率、无功功率；

（3）变压器分接头挡位、断路器和隔离开关状态。

11　电能计量

分布式电源接入电网前，应明确上网电量和用网电量计量点，计量点的设置位置应与电网企业协商。每个计量点均应装设电能计量装置，其设备配置和技术要求符合DL/T 448《电能计量装置技术管理规程》，以及相关标准、规程要求。电能表采用智能电能表，技术性能应满足国家电网公司关于智能电能表的相关标准。

通过10kV（6kV）～35kV电压等级并网的分布式电源的同一计量点应安装同型号、同规格、准确度相同的主、副电能表各一套。主、副表应有明确标志。

分布式电源并网前，具有相应资质的单位或部门完成电能计量装置的安装、校验以及结合电能信息采集终端与主站系统进行通信、协议和系统调试，电源产权方应提供工作上的方便。电能计量装置投运前，应由电网企业和电源产权归属方共同完成竣工验收。

12　并网检测

12.1　检测要求

分布式电源接入电网的检测点为电源并网点，必须由具有相应资质的单位或部门进行检测，并在检测前将检测方案报所接入电网调度机构备案。

分布式电源应当在并网运行后6个月内向电网调度机构提供有资质单位出具的有关电源运行特性的检测报告，以表明该电源满足接入电网的相关规定。

当分布式电源更换主要设备时，需要重新提交检测报告。

12.2　检测内容

检测应按照国家或有关行业对分布式电源并网运行制定的相关标准或规定进行，必须包括但不仅限于以下内容：

（1）有功输出特性，有功和无功控制特性；

（2）电能质量，包括谐波、电压偏差、电压不平衡度、电压波动和闪变、电磁兼容等；

（3）电压电流与频率响应特性；

（4）安全与保护功能；

（5）电源起停对电网的影响；

（6）调度运行机构要求的其他并网检测项目。

附录五　国家发展改革委关于发挥价格杠杆作用促进光伏产业健康发展的通知

（发改价格〔2013〕1638号）

各省、自治区、直辖市发展改革委、物价局：

为充分发挥价格杠杆引导资源优化配置的积极作用，促进光伏发电产业健康发展，根据《国务院关于促进光伏产业健康发展的若干意见》（国发〔2013〕24号）有关要求，决定进一步完善光伏发电项目价格政策。现就有关事项通知如下：

一、光伏电站价格

（一）根据各地太阳能资源条件和建设成本，将全国分为三类太阳能资源区，相应制定光伏电站标杆上网电价。各资源区光伏电站标杆上网电价标准见附件。

（二）光伏电站标杆上网电价高出当地燃煤机组标杆上网电价（含脱硫等环保电价，下同）的部分，通过可再生能源发展基金予以补贴。

二、分布式光伏发电价格

（一）对分布式光伏发电实行按照全电量补贴的政策，电价补贴标准为每千瓦时0.42元（含税，下同），通过可再生能源发展基金予以支付，由电网企业转付；其中，分布式光伏发电系统自用有余上网的电量，由电网企业按照当地燃煤机组标杆上网电价收购。

（二）对分布式光伏发电系统自用电量免收随电价征收的各类基金和附加，以及系统备用容量费和其他相关并网服务费。

三、执行时间

分区标杆上网电价政策适用于2013年9月1日后备案（核准），以及2013年9月1日前备案（核准）但于2014年1月1日及以后投运的光伏电站项目；电价补贴标准适用于除享受中央财政投资补贴之外的分布式光伏发电项目。

四、其他规定

（一）享受国家电价补贴的光伏发电项目，应符合可再生能源发展规划，符合固定资产投资审批程序和有关管理规定。

（二）光伏发电项目自投入运营起执行标杆上网电价或电价补贴标准，期限原则上为20年。国家根据光伏发电发展规模、发电成本变化情况等因素，逐步调减光伏电站标杆上网电价和分布式光伏发电电价补贴标准，以促进科技进步，降低成本，提高光伏发电市场竞争力。

（三）鼓励通过招标等竞争方式确定光伏电站上网电价或分布式光伏发电电价补贴标准，但通过竞争方式形成的上网电价和电价补贴标准，不得高于国家规定的标杆上网电价和电价补贴标准。

（四）电网企业要积极为光伏发电项目提供必要的并网接入、计量等电网服务，及时与光伏发电企业按规定结算电价。同时，要及时计量和审核光伏发电项目的发电量与上网电量，并据此申请电价补贴。

（五）光伏发电企业和电网企业必须真实、完整地记载和保存光伏发电项目上网电量、自发自用电量、电价结算和补助金额等资料，接受有关部门监督检查。弄虚作假的视同价格违法行为予以查处。

（六）各级价格主管部门要加强对光伏发电上网电价执行和电价附加补助结算的监管，确保光伏发电价格政策执行到位。

国家发展改革委

2013年8月26日

附件

全国光伏电站标杆上网电价表　　单位：元/千瓦时（含税）

资源区	光伏电站标杆上网电价	各资源区所包括的地区
Ⅰ类资源区	0.90	宁夏，青海海西，甘肃嘉峪关、武威、张掖、酒泉、敦煌、金昌，新疆哈密、塔城、阿勒泰、克拉玛依，内蒙古除赤峰、通辽、兴安盟、呼伦贝尔以外地区
Ⅱ类资源区	0.95	北京，天津，黑龙江，吉林，辽宁，四川，云南，内蒙古赤峰、通辽、兴安盟、呼伦贝尔，河北承德、张家口、唐山、秦皇岛，山西大同、朔州、忻州，陕西榆林、延安，青海、甘肃、新疆除Ⅰ类外其他地区
Ⅲ类资源区	1.0	除Ⅰ类、Ⅱ类资源区以外的其他地区

注：西藏自治区光伏电站标杆电价另行制定。

附录六　国务院关于促进光伏产业健康发展的若干意见

（国发〔2013〕24号）

各省、自治区、直辖市人民政府，国务院各部委、各直属机构：

发展光伏产业对调整能源结构、推进能源生产和消费革命、促进生态文明建设具有重要意义。为规范和促进光伏产业健康发展，现提出以下意见：

一、充分认识促进光伏产业健康发展的重要性

近年来，我国光伏产业快速发展，光伏电池制造产业规模迅速扩大，市场占有率位居世界前列，光伏电池制造达到世界先进水平，多晶硅冶炼技术日趋成熟，形成了包括硅材料及硅片、光伏电池及组件、逆变器及控制设备的完整制造产业体系。光伏发电国内应用市场逐步扩大，发电成本显著降低，市场竞争力明显提高。

当前，在全球光伏市场需求增速减缓、产品出口阻力增大、光伏产业发展不协调等多重因素作用下，我国光伏企业普遍经营困难。同时，我国光伏产业存在产能严重过剩、市场无序竞争，产品市场过度依赖外需、国内应用市场开发不足，技术创新能力不强、关键技术装备和材料发展缓慢，财政资金支持需要加强、补贴机制有待完善，行业管理比较薄弱、应用市场环境亟待改善等突出问题，光伏产业发展面临严峻形势。

光伏产业是全球能源科技和产业的重要发展方向，是具有巨大发展潜力的朝阳产业，也是我国具有国际竞争优势的战略性新兴产业。我国光伏产业当前遇到的问题和困难，既是对产业发展的挑战，也是促进产业调整升级的契机，特别是光伏发电成本大幅下降，为扩大国内市场提供了有利条件。要坚定信心，抓住机遇，开拓创新，毫不动摇地推进光伏产业持续健康发展。

二、总体要求

（一）指导思想。

深入贯彻党的十八大精神，以邓小平理论、“三个代表”重要思想、科学发展观为指导，创新体制机制，完善支持政策，通过市场机制激发国内市场有效需求，努力巩固国际市场；健全标准体系，规范产业发展秩序，着力推进产业重组和转型升级；完善市场机制，加快技术进步，着力提高光伏产业发展质量和效益，为提升经济发展活力和竞争力作出贡献。

（二）基本原则。

远近结合，标本兼治。在扩大光伏发电应用的同时，控制光伏制造总产能，加快淘汰落后产能，着力推进产业结构调整和技术进步。

统筹兼顾，综合施策。统筹考虑国内外市场需求、产业供需平衡、上下游协调等因素，采取综合措施解决产业发展面临的突出问题。

市场为主，重点扶持。发挥市场机制在推动光伏产业结构调整、优胜劣汰、优化布局以及开发利用方面的基础性作用。对不同光伏企业实行区别对待，重点支持技术水平高、市场竞争力强的骨干优势企业发展，淘汰劣质企业。

协调配合，形成合力。加强政策的协调配合和行业自律，支持地方创新发展方式，调动地方、企业和消费者的积极性，共同推动光伏产业发展。

（三）发展目标。

把扩大国内市场、提高技术水平、加快产业转型升级作为促进光伏产业持续健康发展的根本出路和基本立足点，建立适应国内市场的光伏产品生产、销售和服务体系，形成有利于产业持续健康发展的法规、政策、标准体系和市场环境。2013—2015 年，年均新增光伏发电装机容量 1000 万千瓦左右，到 2015 年总装机容量达到 3500 万千瓦以上。加快企业兼并重组，淘汰产品质量差、技术落后的生产企业，培育一批具有较强技术研发能力和市场竞争力的龙头企业。加快技术创新和产业升级，提高多晶硅等原材料自给能力和光伏电池制造技术水平，显著降低光伏发电成本，提高光伏产业竞争力。保持光伏产品在国际市场的合理份额，对外贸易和投融资合作取得新进展。

三、积极开拓光伏应用市场

（一）大力开拓分布式光伏发电市场。鼓励各类电力用户按照“自发自用，余量上网，电网调节”的方式建设分布式光伏发电系统。优先支持在用电价格较高的工商业企业、工业园区建设规模化的分布式光伏发电系统。支持在学校、医院、党政机关、事业单位、居民社区建筑和构筑物等推广小型分布式光伏发电系统。在城镇化发展过程中充分利用太阳能，结合建筑节能加强光伏发电应用，推进光伏建筑一体化建设，在新农村建设中支持光伏发电应用。依托新能源示范城市、绿色能源示范县、可再生能源建筑应用示范市（县），扩大分布式光伏发电应用，建设 100 个分布式光伏发电规模化应用示范区、1000 个光伏发电应用示范小镇及示范村。开展适合分布式光伏发电运行特点和规模化应用的新能源智能微电网试点、示范项目建设，探索相应的电力管理体制和运行机制，形成适应分布式光伏发电发展的建设、运行和消费新体系。支持偏远地区及海岛利用光伏发电解决无电和缺电问题。鼓励在城市路灯照明、城市景观以及通讯基站、交通信号灯等领域推广分布式光伏电源。

（二）有序推进光伏电站建设。按照“合理布局、就近接入、当地消纳、有序推进”的总体思路，根据当地电力市场发展和能源结构调整需要，在落实市场消纳条件的前提下，有序推进各种类型的光伏电站建设。鼓励利用既有电网设施按多能互补方式建设光伏电站。协调光伏电站与配套电网规划和建设，保证光伏电站发电及时并网和高效利用。

（三）巩固和拓展国际市场。积极妥善应对国际贸易摩擦，推动建立公平合理的国际贸易秩序。加强对话协商，推动全球产业合作，规范光伏产品进出口秩序。鼓励光伏企业创新国际贸易方式，优化制造产地分布，在境外开展投资生产合作。鼓励企业实施“引进来”和“走出去”战略，集聚全球创新资源，促进光伏企业国际化发展。

四、加快产业结构调整和技术进步

（一）抑制光伏产能盲目扩张。严格控制新上单纯扩大产能的多晶硅、光伏电池及组件项目。光伏制造企业应拥有先进技术和较强的自主研发能力，新上光伏制造项目应满足单晶硅光伏电池转换效率不低于20%、多晶硅光伏电池转换效率不低于18%、薄膜光伏电池转换效率不低于12%，多晶硅生产综合电耗不高于100千瓦时/千克。加快淘汰能耗高、物料循环利用不完善、环保不达标的多晶硅产能，在电力净输入地区严格控制建设多晶硅项目。

（二）加快推进企业兼并重组。利用“市场倒逼”机制，鼓励企业兼并重组。加强政策引导和推动，建立健全淘汰落后产能长效机制，加快关停淘汰落后光伏产能。重点支持技术水平高、市场竞争力强的多晶硅和光伏电池制造企业发展，培育形成一批综合能耗低、物料消耗少、具有国际竞争力的多晶硅制造企业和技术研发能力强、具有自主知识产权和品牌优势的光伏电池制造企业。引导多晶硅产能向中西部能源资源优势地区聚集，鼓励多晶硅制造企业与先进化工企业合作或重组，降低综合电耗、提高副产品综合利用率。

（三）加快提高技术和装备水平。通过实施新能源集成应用工程，支持高效率晶硅电池及新型薄膜电池、电子级多晶硅、四氯化硅闭环循环装置、高端切割机、全自动丝网印刷机、平板式镀膜工艺、高纯度关键材料等的研发和产业化。提高光伏逆变器、跟踪系统、功率预测、集中监控以及智能电网等技术和装备水平，提高光伏发电的系统集成技术能力。支持企业开发硅材料生产新工艺和光伏新产品、新技术，支持骨干企业建设光伏发电工程技术研发和试验平台。支持高等院校和企业培养光伏产业相关专业人才。

（四）积极开展国际合作。鼓励企业加强国际研发合作，开展光伏产业前沿、共性技术联合研发。鼓励有条件的国内光伏企业和基地与国外研究机构、产业集群建立战略合作关系。支持有关科研院所和企业建立国际化人才引进和培养机制，重点培养创新能力强的高端专业技术人才和综合管理人才。积极参与光伏行业国际标准制定，加大自主知识产权标准体系海外推广，推动检测认证国际互认。

五、规范产业发展秩序

（一）加强规划和产业政策指导。根据光伏产业发展需要，编制实施光伏产业发展规划。各地区可根据国家光伏产业发展规划和本地区发展需要，编制实施本地区相关规划及实施方案。加强全国规划与地方规划、制造产业与发电应用、光伏发电与配套电网建设的衔接和协调。加强光伏发电规划和年度实施指导。完善光伏电站和分布式光伏发电项目建设管理制度，促进光伏发电有序发展。

（二）推进标准化体系和检测认证体系建设。建立健全光伏材料、电池及组件、系统及部件等标准体系，完善光伏发电系统及相关电网技术标准体系。制定完善适合不同气候区及建筑类型的建筑光伏应用标准体系，在城市规划、建筑设计和旧建筑改造中统筹考虑

光伏发电应用。加强硅材料及硅片、光伏电池及组件、逆变器及控制设备等产品的检测和认证平台建设，健全光伏产品检测和认证体系，及时发布符合标准的光伏产品目录。开展太阳能资源观测与评价，建立太阳能信息数据库。

（三）加强市场监管和行业管理。制定完善并严格实施光伏制造行业规范条件，规范光伏市场秩序，促进落后产能退出市场，提高产业发展水平。实行光伏电池组件、逆变器、控制设备等关键产品检测认证制度，未通过检测认证的产品不准进入市场。严格执行光伏电站设备采购、设计监理和工程建设招投标制度，反对不正当竞争，禁止地方保护。完善光伏发电工程建设、运行技术岗位资质管理。加强光伏发电电网接入和运行监管。建立光伏产业发展监测体系，及时发布产业发展信息。加强对《中华人民共和国可再生能源法》及配套政策的执法监察。地方各级政府不得以征收资源使用费等名义向太阳能发电企业收取法律法规规定之外的费用。

六、完善并网管理和服务

（一）加强配套电网建设。电网企业要加强与光伏发电相适应的电网建设和改造，保障配套电网与光伏发电项目同步建成投产。积极发展融合先进储能技术、信息技术的微电网和智能电网技术，提高电网系统接纳光伏发电的能力。接入公共电网的光伏发电项目，其接网工程以及接入引起的公共电网改造部分由电网企业投资建设。接入用户侧的分布式光伏发电，接入引起的公共电网改造部分由电网企业投资建设。

（二）完善光伏发电并网运行服务。各电网企业要为光伏发电提供并网服务，优化系统调度运行，优先保障光伏发电运行，确保光伏发电项目及时并网，全额收购所发电量。简化分布式光伏发电的电网接入方式和管理程序，公布分布式光伏发电并网服务流程，建立简捷高效的并网服务体系。对分布式光伏发电项目免收系统备用容量费和相关服务费用。加强光伏发电电网接入和并网运行监管。

七、完善支持政策

（一）大力支持用户侧光伏应用。开放用户侧分布式电源建设，支持和鼓励企业、机构、社区和家庭安装、使用光伏发电系统。鼓励专业化能源服务公司与用户合作，投资建设和经营管理为用户供电的光伏发电及相关设施。对分布式光伏发电项目实行备案管理，豁免分布式光伏发电应用发电业务许可。对不需要国家资金补贴的分布式光伏发电项目，如具备接入电网运行条件，可放开规模建设。分布式光伏发电全部电量纳入全社会发电量和用电量统计，并作为地方政府和电网企业业绩考核指标。自发自用发电量不计入阶梯电价适用范围，计入地方政府和用户节能量。

（二）完善电价和补贴政策。对分布式光伏发电实行按照电量补贴的政策。根据资源条件和建设成本，制定光伏电站分区域上网标杆电价，通过招标等竞争方式发现价格和补贴标准。根据光伏发电成本变化等因素，合理调减光伏电站上网电价和分布式光伏发电补贴标准。上网电价及补贴的执行期限原则上为 20 年。根据光伏发电发展需要，调整可再生能源电价附加征收标准，扩大可再生能源发展基金规模。光伏发电规模与国家可再生能源发展基金规模相协调。

（三）改进补贴资金管理。严格可再生能源电价附加征收管理，保障附加资金应收尽收。完善补贴资金支付方式和程序，对光伏电站，由电网企业按照国家规定或招标确定的光伏发电上网电价与发电企业按月全额结算；对分布式光伏发电，建立由电网企业按月转付补贴资金的制度。中央财政按季度向电网企业预拨补贴资金，确保补贴资金及时足额到位。鼓励各级地方政府利用财政资金支持光伏发电应用。

（四）加大财税政策支持力度。完善中央财政资金支持光伏产业发展的机制，加大对太阳能资源测量、评价及信息系统建设、关键技术装备材料研发及产业化、标准制定及检测认证体系建设、新技术应用示范、农村和牧区光伏发电应用以及无电地区光伏发电项目建设的支持。对分布式光伏发电自发自用电量免收可再生能源电价附加等针对电量征收的政府性基金。企业研发费用符合有关条件的，可按照税法规定在计算应纳税所得额时加计扣除。企业符合条件的兼并重组，可以按照现行税收政策规定，享受税收优惠政策。

（五）完善金融支持政策。金融机构要继续实施“有保有压”的信贷政策，支持具有自主知识产权、技术先进、发展潜力大的企业做优做强，对有市场、有订单、有效益、有信誉的光伏制造企业提供信贷支持。根据光伏产业特点和企业资金运转周期，按照风险可控、商业可持续、信贷准入可达标的原则，采取灵活的信贷政策，支持优质企业正常生产经营，支持技术创新、兼并重组和境外投资等具有竞争优势的项目。创新金融产品和服务，支持中小企业和家庭自建自用分布式光伏发电系统。严禁资金流向盲目扩张产能项目和落后产能项目建设，对国家禁止建设的、不符合产业政策的光伏制造项目不予信贷支持。

（六）完善土地支持政策和建设管理。对利用戈壁荒滩等未利用土地建设光伏发电项目的，在土地规划、计划安排时予以适度倾斜，不涉及转用的，可不占用土地年度计划指标。探索采用租赁国有未利用土地的供地方式，降低工程的前期投入成本。光伏发电项目使用未利用土地的，依法办理用地审批手续后，可采取划拨方式供地。完善光伏发电项目建设管理并简化程序。

八、加强组织领导

各有关部门要根据本意见要求，按照职责分工抓紧制定相关配套文件，完善光伏发电价格、税收、金融信贷和建设用地等配套政策，确保各项任务措施的贯彻实施。各省级人民政府要加强对本地区光伏产业发展的管理，结合实际制定具体实施方案，落实政策，引导本地区光伏产业有序协调发展。健全行业组织机构，充分发挥行业组织在加强行业自律、推广先进技术和管理经验、开展统计监测和研究制定标准等方面的作用。加强产业服务，建立光伏产业监测体系，及时发布行业信息，搭建银企沟通平台，引导产业健康发展。

国务院

2013 年 7 月 4 日

参 考 文 献

[1] 叶向东. 海洋资源可持续利用与对策 [J]. 太平洋学报，2006，10：75-83.

[2] 陈国生，叶向东. 海洋资源可持续发展与对策 [J]. 海洋开发与管理，2009，09：104-110.

[3] 楼东，谷树忠，钟赛香. 中国海洋资源现状及海洋产业发展趋势分析 [J]. 资源科学，2005，05：20-26.

[4] 国家海洋局网站 http：//www. soa. gov. cn/soa/index. htm.

[5] 王传崑，卢苇. 海洋能资源分析方法及储量评估 [M]. 北京：海洋出版社，2009.

[6] Peng Yuan，Shujie Wang，Hongda Shi. Overview and Pro-posal for Development of Ocean Energy Test Sites in China. OCEANS 2012 MTS of IEEE. Yeosu，South Korea. 2012 (5)：21-24.

[7] 王传崑，施伟勇. 中国海洋能资源的储量及其评价 [C]. 中国可再生能源学会海洋能专业委员会第一届学术讨论会文集. 2008：169-179.

[8] 熊焰，王海峰，崔琳，等. 我国海洋可再生能源开发利用发展思路研究 [J]. 海洋技术，2009，28 (3)：106-110.

[9] 马龙，陈刚，兰丽茜. 浅析我国海洋能合理化开发利用的若干关键问题及发展策略 [J]. 海洋开发与管理，2013，2：46-50.

[10] 孙静雅. 海洋可再生能源开发利用的法制建设思考 [J]. 法制与社会，2010，35：258-259.

[11] 魏青山. 推进我国海洋能健康发展 [J]. 中国电力企业管理，2010，8：37-39.

[12] 张理. 我国海洋能开发利用思路的初步探索 [A] //中国造船工程学会近海工程学术委员会. 2012 年度海洋工程学术会议论文集 [C]. 2012.

[13] 周庆海. 我国将全面推进海洋能开发利用 [N]. 中国海洋报，2010-04-02 (1).

[14] 杨解君，赖超超. 新能源和可再生能源开发利用政策与立法研究述评 [J]. 法治论丛，2008，3：46-54.

[15] 国家“十二五”海洋科学和技术发展规划纲要 [N]. 中国海洋报，2011-09-16 (2).

[16] 赵世明，刘富铀，张俊海，等. 我国海洋能开发利用发展战略研究的基本思路 [J]. 海洋技术，2008，3：80-83.

[17] 刘富铀，等. 海洋能开发对沿海和海岛社会经济的促进作用 [J]. 海洋技术，2009，28 (1)：116-119.

[18] 罗续业，夏登文. 海洋可再生能源开发利用战略研究报告 [M]. 北京：海洋出版社，2014.

[19] 汪莹，我国可再生能源产业的财政补贴制度研究 [M]. 重庆：西南政法大学，2012.

[20] 杜祥琬，等. 我国可再生能源战略地位和发展路线图研究 [J]. 中国工程科学，2009，11 (8)：4-7.

[21] 全国科技兴海规划纲要 (2008—2015 年) [J]. 海洋开发与管理，2008，10：18-25.

[22] 周庆海. 我国将全面推进海洋能开发利用 [J]. 中国海洋报，2010-04-02 (1).

[23] 朱轩彤. 国际能源格局发展新趋势 [J]. 中国能源，2011，33 (1)：27-28.

[24] http：//xinnengyuan. h. baike. com/article-445221. html.

[25] 国家海洋局. 海洋可再生能源发展纲要 (2013—2016 年) [EB/OL]. [2013-12-27]. http：//www. gov. cn/gongbao/content/2014/content _ 2654541. htm.

[26] 殷克东，张栋. 海洋能开发对社会经济影响的评价指标体系研究 [J]. 中国海洋大学学报 (社会科学版)，2012，05：9-14.

[27] 殷克东，黄杭州．海洋能开发对社会经济影响的评价研究［J］．中国海洋大学学报（社会科学版），2014，01：38－44．

[28] 于灏，徐焕志，张震，杨敏．海洋能开发利用的环境影响研究进展［J］．海洋开发与管理，2014，04：69－74．

[29] 孟洁，张榕，孙华峰，白杨，马治忠，刘富铀，王振法．浅谈海洋能开发利用环境影响评价指标体系［J］．海洋技术，2013，3：129－132，142．

[30] T. Wang P Yuan. Technological economic study for ocean energy development in China［J］. 2011 IEEE International Conference on Industrial Engineering and Engineering Management (IEEM), Singapore, 2011.

[31] 刘贺青．金砖国家海洋能源利用对我国开展海洋能源国际合作的启示［J］．郑州航空工业管理学院学报，2012，6：33－39．

[32] 史丹，刘佳骏．我国海洋能源开发现状与政策建议［J］．中国能源，2013，9：6－11．

[33] 王宝森，徐春红，陈华．世界海洋可再生能源的开发利用对我国的启示［J］．海洋开发与管理，2014，6：60－63．

[34] 贤俊江．我国海洋新能源开发与产业技术推进的国际合作研究［D］．青岛：中国海洋大学，2012．

[35] 省静静．我国海洋经济发展与海洋生态环境保护制度的完善［D］．宁波：宁波大学，2013．

[36] 曲琳．我国海洋环境保护法律制度的完善［J］．公民与法（法学版），2014，1：40－43．

[37] 宋贺．我国政府在海洋环境保护中的法律职责完善研究［D］．青岛：中国海洋大学，2013．

[38] 谢治国，胡化凯，张逢．建国以来我国可再生能源政策的发展［J］．中国软科学，2005（9）：50－57．

[39] 李春华．中国可再生能源问题研究进展［J］．中国科技论坛，2008（2）：111－114．

[40] 国家发展和改革委员会．可再生能源发展"十二五"规划［J］．太阳能，2012（16）：6－19．

[41] 李景明．浅析我国生物质能政策框架的现状与发展［J］．农业科技管理，2008，27（4）：11－17．

[42] 财政部，住房和城乡建设部．关于完善可再生能源建筑应用政策及调整资金分配管理方式的通知（财建〔2012〕604号）［EB/OL］．2012－08－21．http：//www.mof.gov.cn/pub/czzz/zhongguocaizhengzazhishe_daohang lanmu/zhongguocaizhengzazhishe_zhengcefagui/201209/t20120906_681009.html．2012．

[43] 夏少敏，刘海陆，陈艳艳．论我国可再生能源管理体制的不足与完善［J］．唐山师范学院院报，2011，33（5）：115－118．

[44] 陈剑东．探究在建筑中应用可再生能源的相关激励政策［J］．中国住宅设施，2012（7）：60－62．

[45] 郭颖．我国可再生能源管理体制研究［J］．时代金融，2012（6）：189．

[46] 刘树杰，彭苏颖．促进节能与可再生能源发展的电价政策［J］．宏观经济政策，2007（3）：35－38．

[47] 电监会．可再生能源电量收购和电价政策执行情况监管报告［J］．电站信息，2009（3）：26－28．

[48] 国家发展和改革委员会．国家进一步完善可再生能源和环保电价政策［J］．功能材料信息，2013，10（5－6）：54．

[49] 黄少中．完善可再生能源电价政策的思考［N］．中国电力报，2009－12－7（4）．

[50] 孙勇．财税政策将支持在建筑中推广应用可再生能源［N］．中国建材报，2006－6－22（1）．

[51] 《财会研究（甘肃）》编辑部．完善财税政策助推可再生能源产业发展［J］．财会研究，2010（17）：1．

[52] 汪莹．我国可再生能源产业的财政补贴制度研究［D］．重庆：西南政法大学，2012．5－16．

[53] 张楠．财税政策如何助推可再生能源［N］．中国财经报，2006－7－11（3）．

[54] 范玲玲．浅析我国可再生能源的财税支持政策［J］．柴达木开发研究，2007（5）：57－60．

[55] 于谨凯，张婕．我国海洋产业政策体系研究［J］．南阳师范学院学报，2008，7（4）：29－33．

[56] 孙悦民，宁凌．我国海洋政策体系探究［J］．海洋开发与管理，2009（4）：21－23.
[57] 田其云，徐银雪．促进海洋能开发利用的政策分析［J］．公民与法，2012（8）：2－4.
[58] 刘富铀，赵世明，张智慧，等．我国海洋能研究与开发现状分析［J］．海洋技术，2007，26（3）：118－120.
[59] 季露．我国海洋经济发展的财税政策研究［D］．广州：暨南大学，2013．18－38.
[60] 雷庄妍．我国海洋可再生能源开发利用法律制度的建设与完善［D］．厦门：厦门大学，2009.
[61] 张晏瑲．海洋可再生能源开发的法律制度与国家实践［J］．河北法学，2014，6：27－38.
[62] 孙静雅．海洋可再生能源开发法律制度研究［D］．中国海洋大学，2011.
[63] 靳晓明．中国新能源发展报告［R］．武汉：华中科技大学出版社，2011.
[64] 孙悦民．我国海洋资源政策体系的问题及重构［D］．湛江：广东海洋大学，2010.
[65] 史丹．我国海洋能源开发问题与对策［N］．中国海洋报，2014－02－25（3）.
[66] 朱轩彤．国际能源格局发展新趋势［J］．中国能源，2011，1：23－28.
[67] http：//xinnengyuan. h. baike. com/article－445221. html.
[68] 国家海洋局．海洋可再生能源发展纲要（2013—2016年）［A］．中国海洋法学评论，2014（1）：235－242.
[69] 杨解君，赖超超．新能源和可再生能源开发利用政策与立法研究述评［J］．法治论丛（上海政法学院学报），2008，3：46－54.
[70] 国家“十二五”海洋科学和技术发展规划纲要［N］．中国海洋报，2011－09－16（2）.
[71] 丁英龙．我国可再生能源法对风电行业的影响［D］．北京：华北电力大学，2007.
[72] 欧阳仪．我国生物质发电产业发展研［D］．厦门：厦门大学，2012.
[73] 时璟丽，李俊峰．英国可再生能源义务法令介绍及实施效果分析［J］．中国能源，2004，11：38－41.
[74] 吕霞．以可再生能源义务法令为核心的英国可再生能源法［J］．中州学刊，2012，5：76－78.
[75] 蒋懿．中德可再生能源法比较研究［D］．北京：中国政法大学，2010.
[76] 马宇骏．英国可再生能源政策发展及对我国的启示［D］．北京：华北电力大学，2011.
[77] 王京安，马立钊，高翀．英国能源产业政策及其启示［J］．河南社会科学，2010，06：106－109.
[78] 吴迪．论德国可再生能源立法及对我国的启示［D］．徐州：中国矿业大学，2014.
[79] 方虹．国外发展绿色能源的做法及启示［J］．中国科技投资，2007，11：35－37.
[80] 李瑞庆，赵筠筠，王艳，王磊．英国和德国可再生能源制度比较分析［J］．电力需求侧管理，2009，1：77－80.
[81] 丁娟，刘元艳．英国海洋可再生能源产业发展现状及政策借鉴［J］．海洋经济，2013，03：51－58，64.
[82] 黄翠，高艳波，吴迪，李芝凤．海洋可再生能源激励政策探析［J］．海洋开发与管理，2015，02：16－20.
[83] 李春华，张德会．国外可再生能源政策的比较研究［J］．中国科技论坛，2007，12：124－126，88.
[84] 于保华．美国：多方面政策支持海洋能开发［N］．中国海洋报，2013－09－09（4）.
[85] 王金平，郑文江，高峰．国际海洋可再生能源研究进展及对我国的启示［J］．可再生能源，2012，11：123－127.
[86] 龙夫．美国开发可再生能源的政策与措施［J］．高科技与产业化，2008，05：70－73.
[87] 仲雯雯．国内外战略性海洋新兴产业发展的比较与借鉴［J］．中国海洋大学学报（社会科学版），2013，3：12－16.
[88] 许泰秀．韩中两国新可再生能源政策比较与合作展望［D］．大连：大连理工大学，2010.
[89] 孙晓仁，郭茂林，武金旺．韩国新能源和可再生能源的发展［J］．全球科技经济瞭望，2008，9：16－19.

[90] 潘文轩，吴佳强. 新能源税收政策的国际经验及对我国的启示 [J]. 当代经济管理，2012，4：70-73.
[91] 黄梦华. 中国可再生能源政策研究 [D]. 青岛：青岛大学，2011.
[92] 晏清. 国际海洋可再生能源发展及其对我国的启示 [J]. 生态经济，2012，8：33-38.
[93] 晏清，袁平红. 英国海洋可再生能源发展及其对中国的启示 [J]. 企业经济，2012，09：114-118.
[94] 王宝森，徐春红，陈华. 世界海洋可再生能源的开发利用对我国的启示 [J]. 海洋开发与管理，2014，06：60-63.
[95] 徐如浓. 美国可再生能源政策体系及对我国的启示 [J]. 生态经济（学术版），2013，1：150-153，167.
[96] 熊良琼，吴刚. 世界典型国家可再生能源政策比较分析及对我国的启示 [J]. 中国能源，2009，6：22-25.
[97] 国务院发展研究中心课题组，陈清泰，吴敬琏，张永伟. 美国支持可再生能源发展的政策体系及启示 [J]. 发展研究，2010，4：57-59.
[98] 李久佳. 美国能源支持政策及对我国的启示 [D]. 北京：中国政法大学，2011.
[99] http：//www. oceanol. com/gjhy/ktx/27623. html.
[100] http：//news. bjx. com. cn/html/20130905/457941. shtml.
[101] 刘贺青. 金砖国家海洋能源利用对我国开展海洋能源国际合作的启示 [J]. 郑州航空工业管理学院学报，2012，6：33-39.
[102] 胡光耀. 加拿大：保证海洋的可持续开发 [N]. 中国海洋报，2004-07-16.
[103] 宋维玲，郭越. 加拿大海洋经济发展情况及对我国的启示 [J]. 海洋经济，2014，2：43-52.
[104] 王卓. 国外海洋经济发展新战略及对我国的启示 [J]. 理论观察，2013，4：45-46.
[105] 陈碧钦. 论析加拿大和韩国海洋机制对我国的启示 [J]. 武夷学院学报，2013，1：51-54.
[106] 曹玲. 日本新能源产业政策分析 [D]. 长春：吉林大学，2010.
[107] 朱建庚.《加拿大海洋法》及其对中国的借鉴意义 [J]. 海洋信息，2010，04：28-31.
[108] 刘堃. 中国海洋战略性新兴产业培育机制研究 [D]. 青岛：中国海洋大学，2013.
[109] 仲雯雯. 我国战略性海洋新兴产业发展政策研究 [D]. 青岛：中国海洋大学，2011.
[110] 李守宏，李锋，王冀，王海峰. 我国海洋能开发用海现状及发展建议 [J]. 海洋开发与管理，2014 (9)，74.
[111] 周明华. 政府在产业发展中的角色定位——以延平区百合花产业发展为例 [J]. 区域经济市场，2014 (10)：33.
[112] 高天辉. 高新技术产业发展中的政府支持模式研究 [D]. 大连：大连理工大学，2013.
[113] 丁莹莹. 我国海洋能产业技术创新系统研究 [D]. 哈尔滨：哈尔滨工程大学，2013.
[114] 王琪，邵志刚. 我国海洋公共管理中的政府角色定位研究 [J]. 海洋开发与管理，2013 (3)：26.
[115] 周波飞. 高新技术产业化与政府作用问题——以上海高新技术产业化为个案 [D]. 上海：复旦大学，2006.
[116] 杜琼. 中国电力平衡的市场机制与政府监管 [D]. 济南：山东大学，2006.
[117] 平凡. 可再生能源产业发展和价格补偿机制研究 [D] 南京：东南大学，2010.
[118] 周健. 浙江省循环经济发展的财税支持研究 [D]. 杭州：浙江大学，2012.
[119] 时璟丽. 可再生能源电力定价机制和价格政策研究 [J]. 中国电力，2008，4：6-9.
[120] 黄玲. 我国风电定价机制研究 [D]. 北京：中国地质大学，2011.
[121] 付姗璐. 我国可再生能源发电配额和强制上网的互补发展模式研究 [D]. 杭州：浙江工业大学，2009.

[122] 赵子健. 促进风电产业发展的政策分析 [D]. 上海：上海交通大学，2009.
[123] 石晶. 我国可再生能源电力配额制及证书交易研究 [D]. 南京：华东理工大学，2013.
[124] 栗宝卿. 促进可再生能源发展的财税政策研究 [D]. 财政部财政科学研究所，2010.
[125] 张阿杏. 我国可再生能源发展的金融支持研究 [D]. 武汉：华中科技大学，2009.
[126] 杨斯阳. 电力取消行政审批 将加大购销市场化程度 [J]. 广西电业，2013，08：7.
[127] 林闽. 可持续发展视角下的绿色电力定价机制研究 [D]. 昆明：云南财经大学，2013.
[128] 李全慧. 我国生物质发电政策执行分析 [D]. 北京：华北电力大学，2013.
[129] 高树兰. 可再生能源产业的相关税收问题探讨 [J]. 税务研究，2008，03：12-15.
[130] 王晓. 促进我国可再生能源发展的税收政策研究 [D]. 大连：东北财经大学，2012.
[131] 梁亚飞. 我国高新技术产业发展的税收政策分析 [D]. 成都：西南财经大学，2012.
[132] 陈柳钦，张琴. 完善我国高新技术产业发展税收政策的基本思路 [J]. 青岛科技大学学报（社会科学版），2004，4：47-54.
[133] 黄志刚. 中国能源税制改革探析 [J]. 地方财政研究，2009（8）：50-54.
[134] 武涛. 鼓励我国可再生能源发展的财税政策研究 [D]. 北京：中央财经大学，2010.
[135] 孙冰. 企业技术创新动力研究 [D]. 哈尔滨：哈尔滨工程大学，2003.
[136] 赵玉. 企业技术创新动力研究 [D]. 哈尔滨：哈尔滨工程大学，2002.
[137] 吕芳华. 我国海洋新兴产业发展政策研究 [D]. 湛江：广东海洋大学，2013.
[138] 徐胜. 我国战略性海洋新兴产业发展阶段及基本思路初探 [J]. 海洋经济，2011，2：6-11.
[139] 向晓梅. 我国战略性海洋新兴产业发展模式及创新路径 [J]. 广东社会科学，2011，05：35-40.
[140] 李凤至. 我国海洋人才政策研究 [D]. 青岛：中国海洋大学，2012.
[141] 黄艺雪. 中国海洋人才政策研究 [D]. 北京：华北电力大学，2015.
[142] 周甜甜. 我国海洋教育政策分析 [D]. 青岛：中国海洋大学，2013.
[143] 田海嵩，张再生，刘明瑶，宁甜甜，查婷. 发达国家吸引高层次人才政策及其对天津的借鉴研究 [J]. 科技进步与对策，2012，20：142-145.
[144] 胡苏萍. 欧洲海洋能开发利用现状 [A] //中国海洋工程学会. 第十六届中国海洋（岸）工程学术讨论会论文集（上册）[C]. 中国海洋工程学会：2013.9.
[145] 储呈阳. 谈谈我国海洋能利用的现状和前景 [J]. 中小企业管理与科技（上旬刊），2012，8：187-188.
[146] 谢治国，胡化凯，张逢. 建国以来我国可再生能源政策的发展 [J]. 中国软科学，2005，9：50-57.
[147] 王云. 我国可再生能源政策的发展历程及对策选择 [A]. 山西省人大财经委、山西省发改委、山西省国际电力公司、山西省沼气协会、山西省能源研究会，2008.4.
[148] 赵红. 高校创新人才培养政策研究 [D]. 上海：上海交通大学，2011.
[149] 梁伟年. 中国人才流动问题及对策研究 [D]. 武汉：华中科技大学，2004.
[150] 岳小花. 可再生能源经济激励政策立法研究 [J]. 江苏大学学报（社会科学版），2016，2：7-14.
[151] 项翔，李俊飞. 对我国海洋可再生能源开发利用的研究与探讨 [J]. 海洋开发与管理，2014，31（6）：33-37.
[152] 高之国，张海义. 海洋国策研究文集 [M]. 北京：海洋出版社，2007.94.
[153] 任东明，王仲颖，高虎，等. 可再生能源政策法规知识读本 [M]. 北京：化学工业出版社，2009：205.
[154] 游亚戈，李伟，刘伟民，等. 海洋能发电技术的发展现状与前景 [J]. 电力系统自动化，2010，34（14）：1-11.
[155] 李新，王海滨，陈朝镇，等. 中国电力能源碳排放强度的时空演变及省际间差异性 [J]. 干旱区资源与环境，2015，29（1）：43-47.